オーケストラの指揮者をめざす女子高生に『論理力』がもたらした奇跡

永野裕之

実務教育出版

プロローグ
なぜ論理的である必要があるのか？

‖ 優子、指揮者の厚い壁にぶつかる

　優子はひどく落ち込んでいた。
　大好きな音楽を仲間と一緒に演奏したい。
　そんな想いだけで乗り切れるほど指揮台の上は甘くなかった。
　神崎優子は音楽をこよなく愛する都立高校の3年生。どこかのCDショップのキャッチフレーズ「NO MUSIC, NO LIFE.」は、自分のためにある言葉だと思っている。
　5歳の頃からピアノを習っているが、最初からのめり込んだわけではない。音楽への想いが特別なものになったのは、小学校6年生のとき。あるピアノコンクールのドキュメンタリー番組を見たのがきっかけだった。世界中から集った才能豊かな若者たちが、極限状態の中でしのぎを削る姿に心を打たれた。そして何より、優勝した17歳の青年の指先が奏でる音楽の美しさに完全に心を奪われた。
　その日を境に、優子は人が変わったようにピアノの練習に励んだ。中学入学後は、お小遣いでチケットを買って色々な演奏会にも行くようになった。
　一言で「演奏会」と言っても、色々な形態がある。リサイタル、室内楽、オーケストラ、オペラ…。優子は最初はピアノのリサイタルに通っていたが、そのうちにピアノ協奏曲目当てでオーケストラの演奏会にも行くようになった。クラシックの演奏会では協奏曲は前半で、後半には交響曲や管弦楽曲がオーケストラだけで演奏されることが多い。優子は気がつくと、前半の協奏曲より後半のオーケストラ曲の方を楽しみにするようになっていた。中でも舞台中央で奏者と観客の注目を一身に集め、音楽を操る（ように見える）指揮者には強烈に憧れた。
　高校では室内楽研究会という部活に入ったものの、指揮への憧れはますます募るばかりだった。「指揮をしたい」──その欲求は抑えられないものになっていた。優子の高校にはオーケストラ部がなかったので、最高学年と

なった今年の春、とうとう部活の仲間を集めて小さなオーケストラを作ってしまった。秋に行われる、高校最後の文化祭で発表するつもりだ。曲目はチャイコフスキーの「花のワルツ」を選んだ。

しかし、指揮ができる喜びと期待に胸を膨らませて臨んだ初リハーサルは散々な結果になってしまった。

3拍子や4拍子の腕の動かし方は知っているつもりだった。もちろん、スコア（総譜）も自分なりには読み込んでいた。にもかかわらず、オーケストラの仲間は優子がやりたい音楽を理解してくれなかった。自分のイメージに近づけようとして何かを言うたびに、プレーヤーの顔が曇っていくのが分かった。部活仲間のよしみで口には出さずにいてくれたが、「どうしたらいいか分からない」と顔に書いてあった。優子は途方に暮れ、結局わずか1時間足らずで逃げるように練習を終えてしまった。

このままでは、半年後の文化祭で演奏会を行うことはできない。なんとかしなくてはならない。最後の文化祭を素敵な想い出にするためにも、落ち込んでばかりはいられないのだ。優子はピアノの先生に相談してみることにした。

先生、この間部活の仲間を集めて、はじめて指揮をしてみたんですが、まったくうまくいきませんでした…。どうしたらいいでしょうか…？

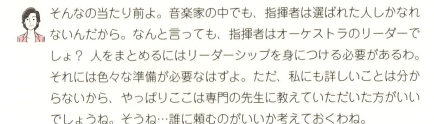
そんなの当たり前よ。音楽家の中でも、指揮者は選ばれた人しかなれないんだから。なんと言っても、指揮者はオーケストラのリーダーでしょ？ 人をまとめるにはリーダーシップを身につける必要があるわ。それには色々な準備が必要なはずよ。ただ、私にも詳しいことは分からないから、やっぱりここは専門の先生に教えていただいた方がいいでしょうね。そうね…誰に頼むのがいいか考えておくわね。

▌優子、クリッドに出会う

しばらくして、ピアノの先生は優子にクリッドという指揮の先生を紹介してくれた。クリッドはオーストリア人で、年齢は50歳過ぎ。日本人の奥様

と結婚されて、15年前に音楽の都ウィーンから日本にやってきたとのこと。若い頃は将来を嘱望される天才指揮者として世界各地のオーケストラから引っ張りだこだったが、35歳のときに不慮の事故に遭った。日常生活に支障はないものの、腰を痛めて一つの演奏会を通して指揮することはできなくなってしまったらしい。今は、日本の音楽大学で後進の指導に専念している。クリッドの門下生には、国際的な指揮者コンクールの覇者が何人もその名を連ねていて、世界的に知られた名教師である。

　なんでも優子のピアノの先生とクリッドがたまたま同じ調律師の人にお世話になっていることから、今回はその縁で紹介してもらえることになったそうだ。でも、はっきり言ってまだ高校生である優子は、クリッドにレッスンをしてもらえるようなレベルではない。レッスン初日、優子は大いに緊張していた…。

 はじめまして、神崎優子ですっ！
よろしくお願いします！！（わー緊張する！）

　クリッドは笑顔で優子を迎えてくれた。通された部屋は10〜12畳ほどの広さがある。天井が高い。一つの壁は作り付けの本棚になっていて、楽譜はもちろん、様々な本がぎっしりと詰まっているようだ。2台並んで置かれたグランドピアノが、部屋の半分を占めている。残りの半分には古典的な応接セットと机があり、クリッドはそこに座っていた。また、部屋の片隅にはややこの空間には似つかわしくないホワイトボードもあった。

 クリッドです。どうぞよろしく。早速ですが、優子さん。あなたの音楽が知りたいので、そこのピアノで何か演奏してくれませんか。

 （日本語うまいなあ）今ですか？

 できればお願いします。

一瞬逡巡したものの、優子は一番自信のあるショパンのスケルツォ第2番を弾いてみせた。緊張はしたが、ピアノを聴いてくれる人がいるのは嬉しいことに違いなかった。優子は夢中で弾き終えた。

ありがとう。だいたい分かりました。
ところで、あなたはどうして指揮者になりたいのですか？

（何が分かったんだろう？）私は音楽が大好きで、ピアノを弾くことも楽しいのですが、オーケストラの曲はもっと好きだからです！
それと、コンサートで指揮者を見て格好よさに憧れている部分もあります♪

なるほど。ちなみに、今まで指揮をしたことはあるのですか？

はい。ついこの間、友達を集めてはじめてやってみたばかりです。
でも、全然うまくいきませんでしたけど…。

どのようにうまくいかなかったのですか？

自分がやりたいと思う音楽ができなかったんです。

あなたの「やりたい音楽」ってどんな音楽ですか？

えっと…私がいいな、と思う音楽です。

あなたはどういう音楽をいいと思うのですか？

そうですね…綺麗だなと思えたり、熱さが感じられる音楽です。

ふむ…それでは指揮は難しいでしょうね。
おそらく、今のあなたには**全人教育**が必要だと思います。

 ゼンジン教育…ですか？（私も知らない日本語を知ってるのね…）

 そうです。「全人」は英語では"the whole man"と言います。音楽だけでなく、学問や道徳、宗教、生活等について、全方位的に完全で調和のある人格を持った人のことです。

 はあ…。

 ところで、あなたは数学の勉強は得意ですか？

 数学…ですか？（話が飛ぶなあ…）

 そう、関数や方程式を勉強する数学です。

 えっと…センター試験を受けるつもりなので一応勉強してますけど…文系ですし、はっきり言って苦手です…。

 そうでしょうね。では、音楽家の中で指揮者と、楽器奏者や歌手との違いは何だと思いますか？

 （ちょいちょいカチンとくるなあ）え？ あ、コンサートのとき、お客さんに1人だけ背中を向けているところですか？

 確かにそうですが、それは重要な違いではありません。
指揮者が他の音楽家と違うのは、自分では音を出さない、というか出せないところです。

 あ〜なるほど。

指揮者が音楽家になり得るためには音を出してくれるプレーヤーが必要です。そして、複数のプレーヤーに自分がやりたいと思う音楽を伝える力も必要です。

一応、3拍子とか4拍子の手の動かし方は勉強したんですけど…。

手の動かし方自体は比較的すぐにマスターできるので、今は二の次でいいでしょう。それよりも、プレーヤーを説得する力を磨くことが先決です。

確かに私は、自分が思ったことを他の人に伝えるのが苦手かもしれません。自分の中では「これ最高！」と思っているのに、それをうまく伝えられないんです…。

どうしてだと思いますか？

私の言葉が足りないからでしょうか…。

あなたがはじめて指揮をしたとき、どうやってオーケストラのプレーヤーに伝えましたか？

えっと…まだ手は思うように動かなかったので、「もっと綺麗に」とか「もっと熱く」と言葉でお願いしました。

それでは伝わらないでしょうね。

（なによ…）なぜですか？

そもそも「綺麗に」とか「熱く」というのは、主観的な判断です。ここにAさんとBさんがいたら、2人が綺麗と思うこと、熱いと思うことはそれぞれきっと違うでしょう。オーケストラには少なくとも

20人以上、多ければ100人以上が参加しますから、それだけ多くの「綺麗さ」や「熱さ」の基準を持っている人が集まっています。そんな集団に向かって、ただ「綺麗に！」「熱く！」と言ってみたところで、バラバラになるのは当たり前です。

うっ（言われてみれば…その通りかも…）。

それともう一つ、他人に自分の考えをわかってもらうためには、「なぜ、そう弾いてもらいたいのか」を説明しなくてはいけません。

私がこうしたいから、ではダメですか？

ダメです。オーケストラのプレーヤーがたとえあなたの友達だとしても、それぞれ自分の意見や感情を持った人間だからです。コマンドを入力すれば、その通りにやってくれるロボットではありません。プレーヤーに思い通りに弾いてもらうためには、まず「なるほど」と納得させなければいけないのです。

はい…（なんだかちょっと惨めな気分になってきたわ）。
じゃあ、そのためには、どうしたらいいのでしょうか？

「論理力」を身につけることです。

「論理力」…ですか。
それは国語の論説文が読めたりする能力のことですか？

文章を理解する能力も論理力の一部ではありますが、それだけではありません。私が言っている論理力とは、**「他人の考えを理解し、他人を説得できる力」**です。

その力はどうしたら…。

ところで、どうして学生の皆さんは数学を勉強する必要があるのか分かりますか?

 えっ? いえ、よく分かりません…。
数学なんて勉強しても社会に出たら使わないという話も聞くので、理系に進む人以外は必要ないんじゃないかと思いますけど…。

 そう思う人は多いみたいですね。でも、数学は日本だけでなく、世界中の先進国で文系・理系を問わず必須科目になっています。
それは、**数学が論理力を鍛えるために最良最適な学問**だからです。

 そうなんですか? 普段、数学を勉強していて論理力が鍛えられている感じはしませんが…。

 優子さんは、数学をどのように勉強していますか?

 定理や公式や解き方を覚えて問題を解きます。

 それではダメですね。

 (はっきり言うなあ!) …でも、それ以外にやりようがないし、そもそも私は生まれつき数学の才能がないんです…。

 いえ、そんなに悲観する必要はありません。数学は正しく勉強すれば、誰でも必ずあるレベルには達することができます。そして、**人前に立ってリーダーシップを発揮するための論理力も、数学を学ぶことで誰でも手にすることができます**。ただ、数学を通して論理力を鍛えようとするとき、丸暗記は何の役にも立ちません。むしろ暗記をすればするほど、論理力は弱まっていくと言ってもいいでしょう。

 そんなものですか…(さすがにそれは言い過ぎでは…)。

数学の歴史は論証の歴史

 ところで、数学の歴史は何年くらいあると思いますか？

 今が2017年だから…2000年くらいですか？

 数学の歴史は、数学をどのようなものと捉えるかで変わってきます。もし数学を図形や数そのものと捉えるなら、その始まりは判然としません。これまでに見つかっている最古の幾何学模様は紀元前7万年頃のものだとされていますし、紀元前3万5千年頃のものと推定される獣骨に、数を表したと思われる刻みを確認することもできます。でも、数学の歴史を「論証の歴史」と捉えるなら、その始まりは紀元前6世紀頃だと言うことができます。その頃に活躍したギリシャの哲学者に**タレス**という人がいました。タレスは当時、おもに測量術などで知られていた図形に関する様々な事実をはじめて証明しようとした人です。彼は二等辺三角形の二つの底角が等しいことや、直径に対する円周角が90°になることなどを証明しました。いわゆる**幾何学**の始まりです。

　…と言いながら、クリッドは部屋の片隅にあったホワイトボードに図を描いた。

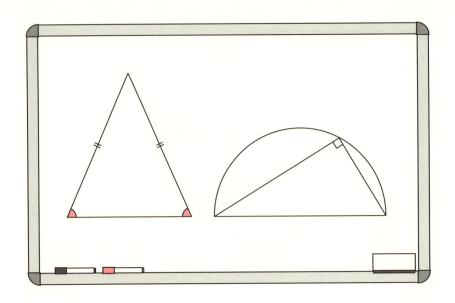

(なんでこの人はこんなに詳しんだろう…)

同じ頃、エジプトでも測量や作図の技術は発展しましたが、それらが幾何学として図形を論理的に捉える学問になることはありませんでした。なぜだか分かりますか？

エジプトには賢い人がいなかったから…？

ハハハ。それは古代エジプト人に失礼でしょう。実際、エジプトにはピラミッド建築に見られるような高度な建築技術がありましたよ。

じゃあ、なんですか？

古代ギリシャは民主制を敷いていたので、大事なことは議論の中で決まりました。そのような社会では、さっき言った、自分の考えを他人に伝える力と、他人の言ったことを理解する力が必要になったのでしょう。
「なぜ、私はこのように考えるのか？」を筋道立てて説明し、自分とは違う他人の意見に対しても「なるほど、あなたの意見も一理ある」と納得できること、すなわち論理的であることが求められたはずです。

 なるほど…。

 一方、当時のエジプトは強力で安定した王朝国家でした。
民衆にとっては「なぜだろう？」と疑問に思うことよりも、王朝の決定を受けて、命令通りに動けることの方が生きる上では大切だったのだろうと、私は想像しています。そのような社会では必ずしも論理的である必要はなかったのかもしれません。

 質問してもいいですか？

 どうぞ。

 数学が論理力を鍛えるための学問だという話はなんとなく分からなくもないですが、音楽って美しかったり、楽しかったり、悲しかったり、理屈を超えて感情にダイレクトに訴えかける芸術ですよね？ やっぱり論理力よりも感性を磨くことの方が大切なんじゃないですか？

 非常にいい質問です。私は、論理と感性については東洋と西洋で大きな溝があると感じています。ヨーロッパ文化の源泉は何と言っても古代ギリシャです。ギリシャの文化は中世に一度停滞した時期がありましたが、14世紀以降いわゆるルネッサンス時代を迎えて大いに復興し、その後は西洋文化全般を支える基盤になっています。だからこそ、**西洋においてlogical(論理的)であることが最も尊敬を集めるのです。**

鋭い感性によるヒラメキがあることも、もちろん素晴らしいことではありますが、**西洋では感性に頼ったヒラメキはどこか「運がよかっただけ」という捉え方がある**のも事実です。でも、日本では違いますね。論理的であることは「理屈っぽい」と言われて敬遠され、ヒラメキのある人間、豊かな感性を持った人間が尊敬されているようです。

私も、理屈っぽい人よりセンスのいい人の方がいいなあ〜。

たとえそうだとしても、西洋で生まれた文化であるクラシック音楽をやるためにはロジカルでなければいけません。
私はさっきあなたのピアノを聴かせてもらって、とても感性が豊かだと思いました。あなたが音楽を愛していることも伝わってきました。でも、感性だけに頼って弾いていることもよく分かりました。だからこそ、全人教育が必要だと言ったのです。

(すいません…) でも、ロジカルに演奏するってどういうことですか？

それは別の機会（P59）に詳しくお話ししましょう。話をもとに戻しますと、古代ギリシャにおいてタレスが始めた「幾何学」はやがてピタゴラスへと受け継がれ、ピタゴラスとその弟子たちのピタゴラス学派の下で大いに発展しました。ピタゴラスは知っていますよね？

はい。「ピタゴラスの定理」というのを中３のときに習いました。

では、数学で「証明」を習ったのはいつ頃だったか覚えていますか？

ええと、確か中学のときだとは思いますが…証明は苦手です。

日本では、中２の「三角形の合同条件」という単元の中で習うようですね。実はこれは、非常に理にかなった伝統的な入り方です。

どうしてですか？

 さっき話したように、論理的に物事を考えるための方法は、古代ギリシャにおける幾何学を通して確立されたからです。証明の基礎を、図形を通して学ぶのは、西洋の伝統に則ったオーソドックスな教育法だと言えます。さて……そろそろ本題に入りましょう。

と言いながら、クリッドは本棚から1冊の本を取り出した。

 （え！？　これからやっと本題！？　前フリ長っ！）

 この本を知っていますか？

 （難しそうな本だな…）『ユークリッド原論』？　いえ、はじめて見ました。

 そうですか。
では、聖書は知っていますか？

 もちろんですよ！（あ、バカにされた！）

 聖書は言わずと知れた「人類史上最大のベストセラー」ですね。あまりにも多くの言葉に翻訳され、長きにわたって読まれてきたので、全世界での発行部数が正確には分からないようですが、一説によると約3900億冊にもなるそうです。

 なんか凄過ぎてピンとこない数字ですね…。

そしてこの『原論』は、聖書よりも古くから存在し、聖書に次いで世界各国語に翻訳されています。特にヨーロッパでは、聖書と並ぶベストセラーだと言っていいでしょう。

 へ〜、そうなんですか！？

 はい。『原論』は紀元前3世紀頃に**ユークリッド**によって書かれました。その後、**19世紀の終わりまで、ヨーロッパでは現役の教科書として読まれてきました。21世紀の現代でも、欧米のエリートは必ず『原論』を読んでいると言っても過言ではありません。**

 そんな凄い本なんですか！？ 1冊の本が2000年以上も教科書だったというわけですか？ しかも、いまだに読まれている？ とても信じられません…この本には、いったい何が書いてあるのですか？

 タレス以降の約300年の間に、ギリシャで発展した論証数学がまとめられています。

 なぜ、そんなにたくさんの人に読まれる大ベストセラーになったのですか？

 『原論』には、**定義と公理の上に、既に正しいことが証明された命題を積み重ねることで、ある結論が真であることを証明する方法**が書かれています。これは、論理的であろうとする人間が身につけるべき素養そのものです。『原論』は教養を持つべき知識階級の人間にとって、必修の学ぶべきことだったのです。

 「定義」はなんとなく分かりますが、「コウリ」って何ですか？

 それは次回のレッスンのときに説明しましょう。とにかく次までに『原論』を買って、最初の5〜6ページを読んできてください。

はい（5〜6ページなら楽勝だけど…）…えっと…。

何でしょう？

（こんなこと言ったら怒られるかしら…）
その本、なんだか高そうですね…。

確かに高価な本です。
でも、私のレッスンを受ければ、『原論』はあなたにとっても座右の書になると思います。

（また難しい日本語を…）ザユウノショ？

ぜひ手元に置きたい本ということです。

そうですか…分かりました！ 今日、早速買って帰ります（コンサートに行くのを二つくらい我慢すればいいわ！）。
それで、次のレッスンはいつになりますか？

そうですね…1ヶ月後にしましょうか。

はい！ よろしくお願いします。

CONTENTS

プロローグ
なぜ論理的である必要があるのか? …… 1

- 優子、指揮者の厚い壁にぶつかる ……………………… 1
- 優子、クリッドに出会う ………………………………… 2
- 数学の歴史は論証の歴史 ………………………………… 9

第1章
論理的であるための基礎 …… 21

- パスカルの説得術 ………………………………………… 23
- 定義とは …………………………………………………… 32
- 公準とは …………………………………………………… 34
- 公理とは …………………………………………………… 43
- 優子、再び指揮台に立つ ………………………………… 53
- 定義(全文) ……………………………………………… 55

第2章
証明のイロハ……………………………57

- 優子、「分析力」の基礎を学ぶ……………………… 58
- 命題1（Ⅰ巻）……………………………………… 65
- 命題2・3（Ⅰ巻）………………………………… 70
- 命題4（Ⅰ巻）……………………………………… 80
- 命題5（Ⅰ巻）……………………………………… 87
- 優子、感動の分析に挑む…………………………… 93

第3章
深い証明………………………………97

- 必要条件と十分条件………………………………… 98
- 対偶………………………………………………… 103
- 背理法（Ⅰ巻 命題7）…………………………… 108
- 三角形の内角の和は180°（Ⅰ巻 命題32）……… 115
- 角の二等分線、中点、垂線の作図
  （Ⅰ巻 命題9・10・11）………………………… 118

直線の角度、対頂角、三角形の外角と内対角
（Ⅰ巻 命題 13・15・16） ……………………………… 124

平行条件（Ⅰ巻 命題 27・28・29） ………………………… 129

与えられた角度と同じ大きさの角度を作図
（Ⅰ巻 命題 22・23） …………………………………… 136

平行線の作図（Ⅰ巻 命題 31） …………………………… 138

第5公準と「プレイフェアの言い換え」 ………………… 139

優子、文化祭当日の指揮 ……………………………… 147

第4章
感性を磨く「論理力」 ……………………………… 153

数学における四つの美 ………………………………… 154

円周角の定理とその応用
（第Ⅲ巻 命題 20・21・22） …………………………… 166

半円の弧に対する円周角は 90°
（第Ⅲ巻 命題 31） …………………………………… 173

接弦定理（第Ⅲ巻 命題 32） …………………………… 175

「数学的な美」の発見〜ピタゴラス音律〜 …………… 177

クリッドからの宿題……………………………………………184
優子、垂心に関する問題を解く………………………………186

第5章
「論理力」を深める
～新しい視点～……………………………………………197

優子、数学の女王「数論」に挑む……………………………199
新しい視点～『ヒラメキ』の源泉を探る～…………………206
ユークリッドの互除法～前半～（第Ⅶ巻 命題1）…………210
ユークリッドの互除法～後半～（第Ⅶ巻 命題2）…………215
割り算と最大公約数の定理……………………………………222
1次不定方程式の解の存在証明………………………………226
数学的帰納法……………………………………………………235
優子、コンクールに挑む………………………………………239

あとがき…………………………………………………………244

装丁イラスト…高橋由季
装丁……………krran（坂川朱音・西垂水敦）
本文イラスト…ひらのんさ
本文デザイン…ISSHIKI
校正……………長谷川愛美

第1章

論理的であるための基礎

はじめてのレッスンの後、優子は大型書店に寄って『原論』買い求めた。家に帰ってさっそく最初のページを開いてみると、訳者の序文の後、ユークリッド本人による前書きのようなものはなく、いきなり本文が次のように始まっていた。

定　義

1. 点とは部分を持たないものである。
2. 線とは幅のない長さである。
3. 線の端は点である。
4. 直線とはその上にある点について一様に横たわる線である。
5. 面とは長さと幅のみをもつものである。
　…（以下略）

（中村幸四郎、寺阪英孝、伊東俊太郎、池田美恵訳『ユークリッド原論 追補版』共立出版、2011年、1頁）

　優子はあっという間にうんざりしてしまった。「定義」はこの調子で23個あって、後には「公準」が5個と「公理」が9個並んでいる。
　それは、優子が今まで読んできたどの本よりも取っつきづらく、そして面白くない本だった。
　こんな本が聖書と並ぶ大ベストセラーだなんて、やっぱり信じられない。でも、世界的な指導者であるクリッド先生が勧めるのだから、この本を読むことは、きっと指揮者になる道に繋がっているのだろう。秋の文化祭を成功させるためにも何かヒントをつかまなければ…。

パスカルの説得術

 やあ、こんにちは。1ヶ月ぶりですね。元気でしたか？

今日もクリッドは穏やかな微笑みを浮かべながら、応接セットに座っている。机の上には、先週はなかったノートパソコンと魔法瓶のようなポットが置かれていた。

 はい。元気は元気なんですが、『原論』は最初から全然わかりませんでした。なんであんなにつまらない書き出しなんですか？　つかみがまったくなってないように思えるんですけど…。

 ハハハ。面白いことを言いますね。
当時は「つかみ」という概念はなかったでしょうし、『原論』にはこういう風に書き出さなければいけない必然性があるんですよ。

 そうなんですか！？

 順番に説明していきましょう。
ところで、優子さんはパスカルという人は知っていますか？

 聞いたことはあります！（詳しくは知らないけど…）

 「人間は考える葦である」という言葉は有名ですね。
パスカルは17世紀のフランスで活躍した哲学者であり、数学者、物理学者、神学者でもあった人です。

 随分と色々なことをやっていた人ですね。

 当時は色々な分野を横断的に研究する人は珍しくありませんでしたが、パスカルが人類を代表する「知の巨人」であったことは確かでしょ

う。で、そのパスカルが『幾何学的精神』という著作の中で「説得術について」という一文を遺しています。

 説得術？ そんなに頭のいい人が考えた「人を説得する方法」なら、ぜひ教えてほしいです。なんと書いてあるのですか？

 「人を説得するには論理的に議論を進めて相手を論破する方法と、人の気に入るようなものの言い方をする方法との二つがある」とあります。

 人の気に入るものの言い方…。お世辞を言うってことですか？

 そうですね。それと、シャレの効いたうまい言い回しができる人っていますよね。そういう人のことも言っているのでしょう。でもパスカルは、これについては深く言及していません。彼が深く追求したのはもう一つの方法「論理的に議論を進めて相手を論破する方法」です。

 私もいちいち人が気に入る言い方を探すなんて嫌ですね。パスカルさんは、相手を論破するにはどうすればいいと言っているんですか？

 パスカルは論理的な議論を進める上で重要なのは「定義」と「公理」と「論証」についての規則を守ることだと言っています。
定義については分かりますか？

 はい。決まり、みたいなものですよね。

 正確には、物事の意味や内容を言葉で明確に限定したものを定義と言います。パスカルは次の三つのことを守る必要があると言っています。

と言いながら、クリッドはホワイトボードにさらさらと漢字混じりの日本語を書いていく。

《定義について》

①これ以上明白に言いようがない用語については
　無理に定義しようとしない

②少しでも不明なところが残る用語については必ず定義する

③用語の定義に用いる言葉は意味が明白な言葉に限る

（あら、漢字もよく知っているのね。っていうか、なんだか可愛い字だわ。奥様に習ったのかしら）あまり意識したことはありませんでしたが、言われてみればそうだろうなあと思うルールですね。

…と言いながらノートを取る優子。

そうですね。他人を説得しようとするときに、言葉の意味を自分と相手が違うように理解していたら、説得することなんてできません。だから、議論を始める際には、「この言葉はこういう意味で、これ以外の意味はありません」としっかり伝える必要があります。
ところで、あなたははじめてのリハーサルのとき、オーケストラのメンバーに「もっと綺麗に」とか「もっと熱く」と指示したんですよね？

はい…（思い出したくないんだけど…）。

前回も言いましたが、「綺麗」とか「熱い」という言葉は人によって基準が違うので明確に定義するのは難しいでしょう。こういう言葉を使って人を説得することは避けるべきでしたね。

（うう…傷口に塩を擦り込まれたわ…）以後、気をつけます。

ただし、言葉の定義にこだわり過ぎるとそれはそれで支障が出てきます。例えば、優子さんだったら「右」はどういう風に定義しますか？

え〜、右ですか。お箸を持つ方とか？

でも、左利きの人は左に持ちますよね。

じゃあ、右利きの人がお箸を持つ方？

それでは、「右利き」はどういう風に定義しますか？

右が利き腕の…あっ、これではダメですね。

そうですね。「右とは右利きの人が箸を持つ方である」と言ってみたところで、何も定義していないことと同じになってしまいます。
このように、ある事柄の定義を与える文の中に、その事柄自体が登場していることを「（定義における）循環論法」と言います。

右なんてとても当たり前のことなのに、あらためて聞かれると難しいものですね…。

ちなみに、広辞苑には「南を向いたとき、西にあたる方」と書いてあります。

なるほど！

他にも「この辞典を開いて読むとき、偶数頁のある側」とか、「心臓がある体の側が左でその反対が右」と書いてあるものもあります。

へえ〜。面白いですね。

議論に使う言葉の意味を最初にしっかりと定義しておくことは、論理的であるために最も大切なことですが、だからと言って「右」のように勘違いのしようがないような言葉まであらためて定義しようとすると時間がかかり、肝心の議論を進めることができなくなってしまいます。
だからパスカルは、①で誰にとってもその意味が明白な言葉については「無理に定義しようとしない」と言っているのです。そして、これと同じことは「命題」についても言えます。

すいません。命題って何ですか？

命題というのは、簡単に言えば「真偽が判定できる事柄」のことです。

「三角形の内角の和は180°である」みたいなやつですか？

そうです。議論というのはいつも「ある命題が真であるか偽であるか」を決めるために行います。ただし、人を論理によって論破するためには、どのような命題もそれが正しいか正しくないかを相手とともに確認する必要があります。
ただ、ある命題を論証しようとすると、その論証の拠りどころになった命題をさらにまた論証する必要が出てきます。これを繰り返すと、やがて非常に単純な、真偽が極めて明白な命題にたどり着くことは想像がつくでしょう？

そうですね。

 でも、その「極めて明白な命題」を論証しようとすると、「右」を定義しようとしたときと同様の困難が生じます。
これに多くの時間と労力を割いてしまい、本来論証すべき事柄にたどり着けなくなってしまっては、本末転倒です。

 （本末転倒なんて、日本人も滅多に使わないわよ）確かに…。

 だから、もうこれ以上は遡って論証する必要はないという議論の「出発点」を示しておく必要があるのです。それが「公理」です。

 先週も出てきましたが、「公理」ってどういう意味ですか？

 公理はギリシャ語で「アキシオーマタ」、**「是認されるべき事柄」**という意味を持ちます。平たく言えば、公理とは議論を進める上で、これだけは前提として認めることにしましょうという**共通の認識**のことを言います。

 パスカルさんは、公理についてはなんと言っているのですか？

 パスカルは、公理について二つのことを書いています。

《公理について》

① 必要な原理はそれを認めるかどうかを必ず確認する

② より簡単に言うことは不可能などう考えても
　　正しい事柄のみを「公理」とする

どこを議論の出発点とするかを、お互いにしっかり確認する必要があるということですね。
でも…何を「公理」にするのかを決めるのは、結構難しくないですか？「どう考えても正しい事柄」なんて、そうそう見つからないような気がしますが…。

ああ、それは非常にいい質問です！
だからこそ『原論』は2000年以上も教科書であり続けたわけですが、それについては後で詳しくお話しましょう。

（おっ、褒められたぞ！）パスカルさんの説得術って、定義と公理とあと一つは何についてのルールでしたっけ？

論証についてです。これ消してもいいですか？

あっ、ちょっと待ってください（書くの忘れてた！）。
……はい、写しました。

```
《論証について》
① それを証明するためにより明らかなものを探すことが無駄なほど
   明証的な事柄については、これを論証しようとしない
② 少しでも不明なところがある命題はすべて証明しなければなら
   ないが、証明に使える命題は公理かあるいは既に正しいこと
   が証明された命題に限る
③ ある概念を説明しようとする際、用語の定義に曖昧さがない
   ことを確認するために、用語はいつもその定義で置き換えて
   みる
```

パスカルは論証について、この3点を注意するように言っています。

ちょっと先に写させてください…。なんだか面倒くさそうですね。

そう思う気持ちは分かります。
でも、生まれ育った環境や価値観の違う人間が集ったとき、以上のことを守らなければ、論理的に議論を進めることはできません。特に使う言葉の意味を明確に定義するとともに、議論の出発点となる公理を最初に示すことは論理的であるために欠かせないことです。
とにかく、以上がパスカルの説得術の要点ですが、実はこれはパスカルのオリジナルというわけではありません。

えっ、そうなんですか？

結局はパスカルの説得術は、**自明のものを除いてすべての言葉を定義し、自明でない事柄はすべて証明しつくす**という方法ですが、これは

古代ギリシャ人が幾何学を築くのに用いた方法そのものです。彼らはいくつかの公理を設定しておいて、そこから非常に多くの定理を導きました。だからこそ、パスカルは「説得術」を収めた本に『幾何学的精神』というタイトルをつけたわけです。

なぜ、パスカルさんは古代ギリシャ人の真似をしたのですか？

「真似」というのは語弊がありますが…パスカルがこの方法こそ最高の説得術だと考えていたのは、彼が『原論』を学んだからだと思います。

なぜ、分かるのですか？

古代ギリシャ人が幾何学を確立した方法を体系立ててまとめたのが『原論』であり、この間もお話した通り、パスカルが生きた17世紀では、『原論』は数学を学ぶ者が必ず読む教科書だったからです。

パスカルさんも『原論』の影響を受けた、というわけですね。

パスカルだけではありません。少なくとも欧米ではすべての知識階級がその影響を受けていると言っても過言ではないと思います。
例えば、かのニュートンは著作『自然哲学の数学的諸原理』（略称：プリンキピア）の中で、いわゆるニュートン力学を発表するにあたり、自身が考え出した微分積分を用いて考察・論証したものを、すべて等価な幾何学的証明に置き換えています。微分積分という世紀の大発明をしておきながら、『原論』に準じた形を取ることで世間の批判を避けようとしたわけですね。

えっと…ちょっと何をおっしゃっているのかよく分かりませんが、とにかく『原論』は物凄く影響の大きい書物なのですね…。

そのことが分かってもらえれば十分です。

定義とは

では、いよいよ『原論』を読み進めていきましょう。
本文の1ページ目を開いてください。

最初に「定義」がズラズラっと並んでいますね…。

そうですね。今日最初に優子さんは「『原論』には"つかみ"がない」とぼやいていましたが、こうして唐突に本文が始まるのは当時の書物としてもかなり特異な部類に入ります。

ですよね。やっぱり最初に著者の目的とか、対象となる読者のこととか、どういう本なのかということが示されるのが普通ですよね。

そう思います。
でもユークリッドがあえて「序文」を省き、このようなスタイルで始めているのは哲学的議論の余地をできるだけ避けるためだったとも言われています。

どういうことですか？

著者が序文等にその本に対する想いを書くと、そこには大なり小なりの思想が入ります。すると、その思想そのものが読者や世間に受け入れられない場合も出てくるでしょう。そうなれば、著作がまるごと葬り去られてしまうことにもなりかねません。序文がなければその心配もない、というわけです。

なるほど。
ところで、これらの定義は全部覚えないといけないんですか？

その必要はありません。

えっ、いいんですか？

 『原論』の冒頭には幾何に関する定義が全部で23個載っています。ただし、面白いことにユークリッドはこれらの定義の多くを一度も使っていません。

 え〜〜〜？

 実際「点とは部分を持たないものである（定義1）」とか、「線とは幅のない長さである（定義2）」という定義は、議論に使いようがないのです。

 それなら最初から書かなければいいのに…。

 そうは言っても、点とか直線とかの言葉自体は使うわけですから、それがどういう意味であるかを示しておくことはやはり必要です。
また、なによりこのように始めることで、**論理的であるためには最初に言葉の定義ありきである**、と強くアピールすることには成功しているでしょう。

 まあ、それはそうですね…。

 もし後で必要になればその都度引用することにして、今日のところは冒頭の「定義」※は軽く読み飛ばして結構です。
続いて、2ページ目を開いてください。何が書いてありますか？

※定義の全文は本章の最後に載せてあります。

公準とは

> 公準（要請）
>
> 1. 任意の点から任意の点へ直線をひくこと。
> 2. および有限直線を連続して一直線に延長すること。
> 3. および任意の点と距離（半径）とをもって円を描くこと。
> 4. およびすべての直角は互いに等しいこと。
> 5. および1直線が2直線に交わり、同じ側の内角の和を2直角より小さくするならば、この2直線は限りなく延長されると2直角より小さい角のある側において交わること。
>
> (中村幸四郎、寺阪英孝、伊東俊太郎、池田美恵訳『ユークリッド原論 追補版』共立出版、2011年、2頁)

定義の続きがあって、その後に「公準（要請）」と「公理（共通概念）」が並んでいます。この「公準」っていうのは何ですか？

公準を意味するギリシャ語「アイテーマタ」は、**「要請すること」**という意味です。すなわち、公準とは**「議論を進める前に一方が他方に対して、これは認めておいてほしいと要請すること」**です。

公理に似ていますね。

そうですね。実際、今日では公理と公準の二つは区別せずにまとめて「公理」と呼びます。まずは、五つの公準を見ていきましょう。

最初の「任意の点から任意の点へ直線を引くこと」っていうのは、そういう決まりにします、っていうことですか？

はい。ここにある五つの公準のうち、1〜3は定規とコンパスを使って作図をするときの「約束」だと思ってください。
ところで、優子さんは直線と線分の違いは分かりますか？

確か、線分というのは長さが決まっているんですよね？

その通りです。線分というのは、両端の点で区切られている有限直線のことです。これに対して、直線というのは長さに限りがなく無限に続くものを指します。

それなら、2の「有限直線」というのはいわゆる線分のことなんですね。

素晴らしい。よく分かりますね！
でも、ここでは線分という言葉を使わず、我々が言うところの線分の意味で直線と言っています。

4は当たり前な感じがしますが、5は何を言っているのですか？
意味が分かりません…。

これは図解しておきましょう。

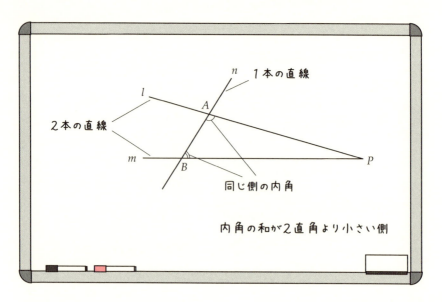

5番目の公準が意味するところは、この図で直線 n が直線 l および m と交わったとき、

$$\angle PAB + \angle PBA < 180°$$

であれば、l と m は、内角の和が「2直角（180°）より小さい側」、すなわち図の右側で必ず交わるということです。

5番目だけ、やけに複雑ですね。

やっぱりそう思いますよね？ この5番目の公準は分かりづらいので、1795年にスコットランドのジョン・プレイフェアという人が、『原論』を解説した著書の中で**「直線以外の1点を通り、その直線と平行な直線は1本しか引けない」**と言い換えられることを示しました。以来、このユークリッドの5番目の公準は**「平行線公準」**という名前で呼ばれることが多いです。

なんでそんな風に言い換えられるのですか？

36

いい質問です！ただ、ちょっと長い話になるので、**プレイフェアの言い換え**についてはまた別の機会（P139）で詳しく説明します。楽しみにしていてください。

分かりました（楽しみにはできないけど…）。

いずれにしても、この平行線公準は他の四つのような単純さがないので、わざわざ「公準」としなくても（つまり、あらかじめ認めてほしいと要請しなくても）、別のことを使って証明ができるのではないかと考える人がたくさんいました。

実際はどうなんですか？

古代から近代に至るまで、幾多の数学者たちが「証明」しようと躍起になったのですが、すべて失敗に終わっています。

そんなに難しいのですか？

難しいというより、正しいとか正しくないとかの範疇では判断できないことなのです。

えっ、どういうことですか？？

例えば、クラシックとジャズのどちらかだけが正しいと言うことはできますか？

それは…できないと思います。

そうですよね。音楽の場合は何をもって「正しい」とするかが難しいところですが、クラシックもジャズも聴く人に感動や癒やしを与え、多くの人に愛されているわけですから、どちらかだけが正しいとは言

えないでしょう。でも、クラシックとジャズは演奏におけるスタイルや約束事がまるで違います。

クラシックは楽譜に忠実で、ジャズは自由な感じですね。

そうですね。平行線公準についても、これと似たような事情があるのです。

どういうことですか？

実は19世紀になって、平行線公準が成り立たない世界も立派な数学になり得ることが分かったのです。

平行線公準が成り立たない世界？

直線以外の1点を通るある直線と平行な直線が何本もあったり、1本もなかったりする世界のことです。

えっ？ ちょっと想像がつかないんですけど…。

はい。平行線公準が成立しない幾何学のことを**非ユークリッド幾何学**と言いますが、非ユークリッド幾何学は私たちの日常的な感覚に反する世界です。

想像上の世界ということですか？

いえ、完全に想像上の世界というわけではありません。ここでは地球上の「直線」について考えてみましょう。ちょっと待ってくださいね。

クリッドは、机の上のノートパソコン開いて何かを検索している。

お待たせしました。これは、東京―サンフランシスコ間の飛行機の空路を表したものです。

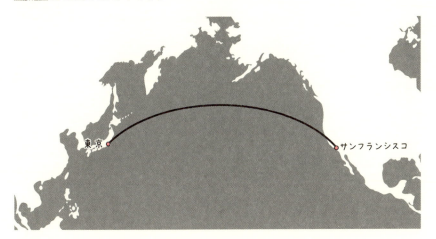

 へ～、飛行機ってまっすぐ最短距離を行くわけではないんですね。

 いえいえ。わざわざそんなお金も時間もかかることはしません。実は、これが東京―サンフランシスコの最短経路なんです。世界地図というのは、本来球面である地球の表面を無理矢理平面に直したものなので、このように最短距離である経路が湾曲してしまうのです。ちなみに、この平面地図上で東京とロサンゼルスをまっすぐに結んだ線は、実際には左に旋回しながら進む（遠回りの）経路になります。

 へ～。なんだか意外ですね。

 そうでしょう。
では、この東京とサンフランシスコを結ぶ最短経路をまっすぐに伸ばしていくとどうなると思いますか？

 えっと…もとに戻ってくる…かな？

ご名答（やっぱりこの子は頭がいい）。
地球は丸いので一方向にまっすぐ進むと、もとの場所に戻ってきますね。絵に描いてみると…こんな感じです。

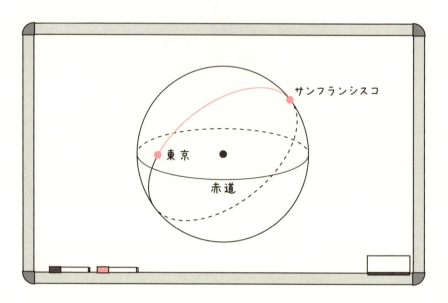

つまり、地球表面上をまっすぐに進んだ移動の跡は、地球を一周する大きな円になります。このときにできる大円は、**必ず地球の中心を通る平面上にある**ことに注意してください。

あの…、これって赤道に平行になるようにぐるっと一周すれば、大円が地球の中心を通る平面上にはないケースになりませんか？

よい質問ですね。でも、「まっすぐ」に進もうとすると赤道に平行に進むことはできないのです。地球上を（赤道上にない点を通って）赤道に平行に一周するためには、常に曲がりながら進む必要があります。

そうですか？ あんまりそういう感じがしないんですけど…。

例えば、学校のグラウンドを円状に一周するには、曲がりながら進む必要がありますよね？

（当たり前だわ）そうですね…。

そのグラウンドを一周する円の半径をどんどん大きくすることを想像してください。もちろん、本当は塀とか建物とか川とか山もあって不可能なわけですが、仮に何の障害物もないとします。すると、とても大きな円ができあがります。でもどんなに半径が大きくても、この円の上を進むには、「曲がりながら進む」必要があることには変わりありません。

はい…。

「赤道に平行に一周する円」は北極や南極を中心とする小さな円を作り、それを大きくしたものと考えられますから、やはり曲がりながら進まないと円から外れてしまうのです。

なるほど。

さて、ここでちょっと厄介なことがあります。ユークリッドは『原論』の中で、「直線」を冒頭の定義4で「直線とはその上にある点について一様に横たわる線である」と書いているだけで、実質的には（命題の証明に使えるようには）定義していません。そこで、今は直線を「**2点間を最短で結ぶもの**」と考えることにしましょう。

そこは、私たちが普通に持っている感覚通りに考えるわけですね。

本来は、そう考えることの是非を議論する必要がありますが、ちょっと複雑になりすぎるので…。

で、結局どういう話になるのですか？

 球面上の直線（2点間を最短で結ぶもの）が球の中心を通る大円になる以上、例えば東京を通り赤道に平行な「直線」は地球表面上には1本も存在しないことになります。

 えっ、なんでそうなるのですか？

 だって、赤道も地球の中心を通る大円ですから、東京を通る「直線」と赤道はどちらも地球の中心を通る大円です。これらは必ず2点で交わってしまうでしょう？

 あ、確かに！

 ユークリッドは冒頭の定義23で**「平行線とは、同一の平面上にあって、同方向に限りなく延長しても、いずれの方向においても互いに交わらない直線である」**と書いていますから、交わってしまう以上、東京を通るすべての「直線」と赤道は平行ではありません。

 へえ〜〜〜〜。非…何でしたっけ？

 非ユークリッド幾何学です。

 …の世界も実在するんですね。

 大胆に言ってしまえば、非ユークリッド幾何学というのは曲がった平面・空間における幾何学全般を指します。
しかも、この非ユークリッド幾何学の研究はその後、「質量によって時空は曲げられる」とするアインシュタインの一般相対性理論にまで

発展していくことになるのです。

おお！ なんだか壮大な話なんですね！

大分、話が逸れてしまいましたけどね。
いずれにしても、平行線公準を要請するユークリッド幾何学も、平行線公準を要請しない非ユークリッド幾何学も、どちらもそれぞれ偉大な真理に到達するのですから、平行線公準が正しいか正しくないかを論じるのはナンセンスなのです。

そこが、クラシックもジャズも素晴らしい音楽なのだから、楽譜に忠実に演奏するべきかどうかを論じるのはナンセンスであることと似ているというわけですね！

その通りです！ とにかく五つしか挙げていない公準の中に平行線公準を入れたユークリッドの慧眼には驚くしかありません。
少し長くなったので、ここで休憩しましょう。そこの魔法瓶に紅茶が入っているので、好きに飲んでください。

と言いながら、クリッドは部屋を出て行った。

ありがとうございます。

公理とは

では、再開しましょうか。
今度は公理ですね。

> ## 公理（共通概念）
>
> 1. 同じものに等しいものはまた互いに等しい。
> 2. また等しいものに等しいものが加えられれば、全体は等しい。
> 3. また等しいものから等しいものがひかれれば、残りは等しい。
> ［4. また不等なものに等しいものが加えられれば全体は不等である。
> 5. また同じものの2倍は互いに等しい。
> 6. また同じものの半分は互いに等しい。］
> 7. また互いに重なり合うものは互いに等しい。
> 8. また全体は部分より大きい。
> ［9. また2線分は面積をかこまない。］
>
> (中村幸四郎、寺阪英孝、伊東俊太郎、池田美恵訳『ユークリッド原論 追補版』共立出版、2011年、2頁)

今度は図形に関することではないんですね。

ユークリッドは図形に関する要請を「公準」と言い、図形に限らず数学や科学全般において共通の真理として受け入れられるべきものを「公理」と言っています。

確かに、1～3は疑いようがないくらい当たり前のことですね。

公理の1～3は数式で表すと、より意味が明白になります。これらは数式変形の基本ですね。

> 公理1: $a=b, b=c$ ⇒ $a=c$
>
> 公理2: $a=b$ ⇒ $a+c=b+c$
>
> 公理3: $a=b$ ⇒ $a-c=b-c$

中学のときに習いました！

何の説明もなく「＝」を使いましたが、そもそも「$a=b$」が何を意味するかははっきり定義する必要があります。

え～、そんなの a と b が等しい、ということですよね？

もちろんそうです。では、「等しい」というのはどういうことでしょう？

等しいは、等しいとしか言いようがないと思いますけど…。

意地悪なことを聞いて申し訳ない。実は公理7の「互いに重なり合うものは互いに等しい」というのは、実質的に「等しい」の定義になっています。例えば、二つの線分や角があったとき、一方を平行移動したり、回転したりしてピッタリ重ねることができる場合に、それらは

「等しい」と言えるわけです。

また面積の場合は形が違っても、一方を切り貼りして、他方に重ねることができるのならば、やはり二つの図形の面積は等しいと言うことができます。

数式の場合の「等しい」はどう考えるのですか？

またまた、いい質問ですね。ところで、私たちが使っている「$a + b = c$」のような形の数式を使うようになったのは、いつからか知っていますか？

えっと、それはもう随分前からでしょう？ 紀元前とか？

実は数式を現代のように表すようになったのは、17世紀以降のことです。

へ〜、意外と最近なんですね。

はい。「＋」と「－」は15世紀に、「＝」は16世紀に、「×」と「÷」は17世紀になってやっと使われるようになったんですよ。

ってことは、ユークリッドさんは「＝」の使い方については定義していない、ってことですね。

鋭いですね。その通りです。ちなみに、数学で「＝」が使えるのは**反射律、対称律、推移律**の三つの条件がすべて成立するときです。

反射…対称…推移…？？ どういう意味ですか？

反射律とは**「自分は自分自身と等しい」**ということ、対称律とは**「a と b が等しければ、b と a は等しい」**ということ、そして推移律とは**「a が b に等しく、かつ b が c に等しければ、a は c に等しい」**と

いうことです。

最後のは公理1と同じですね。

はい。これらを記号で書くとこのようになります。

≪＝が成立する三つの条件≫

① 反射律：$a☆a$

② 対称律：$a☆b \Rightarrow b☆a$

③ 推移律：$a☆b$ かつ $b☆c \Rightarrow a☆c$

この☆は何ですか？

これは今私が勝手に考えたものです。別の記号を使ってもらっても構いません。単に左辺と右辺の関係を任意の記号で表したのだと思ってください。①〜③のすべての条件を満たすとき、この☆ははじめて「＝」で書き換えることができます。

「＝」なんて小学1年生のときから使っていますが、きちんと使おうとすると決して易しくはないのですね…。

そうですね。面倒に感じるかもしれませんが、**新しく使う言葉や記号にしっかりとした定義を与え、それを互いに確認することではじめて**

論理的な議論が可能になります。これこそ、『原論』が最も伝えたい論理的思考の方法そのものであり、パスカルの説得術もまさにこの立場に立っています。

なるほど…。でも、実際はどんなときにこの「＝」の定義を確認しておくことが役に立つのですか？

優子さんは、この問題を知っていますか？

…と言って再びノートパソコン開くクリッド。

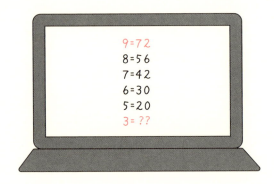

これ、何ですか？

数年前にSNS等を通じて世界中で爆発的に拡散された問題です。当時は、「これが解けたら天才」とか「これが解けたらIQ125」なんて言われていました。

へぇ〜知りませんでした。しかも、さっぱり分かりません…。

種明かしをすると、左辺の数字を2乗してから左辺の数字を引くと右辺の数になります。例えば、「9 = 72」の72は「$9^2 - 9 = 2$」のよう

に計算します。よって、最後の問題の答えは「$3^2 - 3 = 6$」で 6 が正解です。

なるほど…これは気づきませんね〜。

もちろんこれはシャレでしょうから、気軽に楽しめばいいのですが、この「＝」の使い方はまったく間違っていることに気づかなければいけません。このルールでは「$3 ≠ 3$」になるので、3 は自分自身に等しくないことになります。また「$3 = 6$」なのに「$6 ≠ 3$」です。さらには「$3 = 6$ かつ $6 = 30$」ですが、「$3 ≠ 30$」です。
つまり、「＝が成立する三つの条件」の反射律も対称律も推移律も成り立ちません。よって、この問題の「＝」の使われ方はデタラメです。

そんなこと言っていると友達失くしますよ…。

もちろん何でもかんでも杓子定規に考える必要はありませんし、時にはシャレを楽しむ余裕も必要です。でも、特に人生や仕事の成果を左右するような重要な場面では、これから『原論』が教えてくれる論理的思考の基礎を疎かにすることはできません。

それはそうですね…。

また、随分脱線してしまいました。残りの公理に話を戻しましょう。ところで、公理の 4 〜 6 と 9 には [ ] がついていますよね？

はい。さっきから気になっていたところです。

『原論』は何と言っても古い本ですから、もともとの原本はわずかな断片が残っているだけで、ほとんど失われています。

紀元前の本ですもんね…。

現在出版されている『原論』は、いくつかの写本を参考に編纂されているのですが、4～6と9の公理が含まれていない写本もあり、これらは後世の人が勝手に挿入したのではないかと考えられています。

随分と勝手な話ですね…。

当時は、著作権を尊重する意識も薄かったのでしょう。

それじゃあ、4～6は飛ばしても大丈夫ですか？

いいことにしましょう。

公理8の「全体は部分より大きい」というのも当たり前に思えますが、これは何のためにあるのですか？

これも実質は公理というより、「大きい」ということの定義になっています。もちろん逆に言えば、「部分は全体より小さい」ということを意味します。

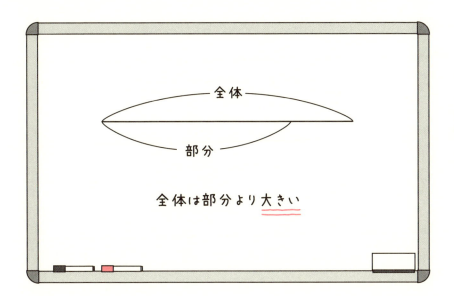

ちなみに、飛ばしてもいいのかもしれませんが、公理9は意味がよく分かりません…。

そもそも、これは図形に関することなので、ユークリッドの言葉の使い分けに倣えば、公準と言うべきものかもしれません。「2線分は面積をかこまない」というのは**「異なる2点を端点とする直線はただ1本だけ存在する」**という意味です。

どうしてそういう意味になるのですか？

このように異なる2点を与えたとき、2点を線分で繋ぐと1本しか引けません。もし2本あったら次の図のようになって、面積をかこめることになってしまいますが、もちろんそんなことはないわけです。

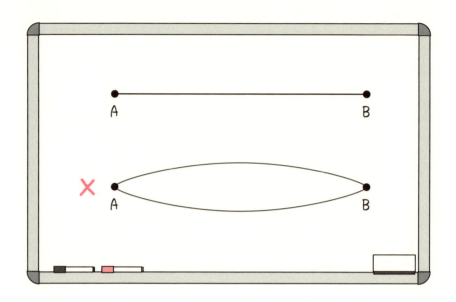

 ああ、なるほど。

 さて、随分時間も経ってしまいましたね。今日のところはこれくらいにしておきましょう。
次回はいよいよ「証明のイロハ」をお伝えします。予習としては、命題5まで読んできてください。

 分かりました！
次のレッスンはいつですか？

 次は…1週間後でいかがですか？

 大丈夫です！

優子、再び指揮台に立つ

クリッドとのレッスンを終えた次の日、優子は秋の文化祭に向けて2度目のリハーサルを行なっていた。昨日のレッスンで学んだことは、意味が明白な言葉以外は定義なしに使わないこと、そして相手にあらかじめ認めておいてもらうこと（公理）を最初に確認するということである。

みんな、おはよう！ 今日は最初にこのオーケストラのめざすところを確認しておきたいと思います。

秋の文化祭まであと6ヶ月です。まだまだ先と思うかもしれませんが、夏休みはみんなで集まることも難しいでしょうから、実際に合奏練習ができるのは3～4ヶ月くらいしかありません。

しかも、私も指揮をするのははじめてですが、みんなもオーケストラの中で弾くのははじめてだと思います。だから、秋の文化祭を成功させるのは簡単なことではありません。でも、3年生にとっては引退公演ですから、絶対に成功させたいですよね？

ここまで話したとき、優子はわずかにオーケストラから白けたムードを感じた。そうだ、「成功」という言葉は定義が曖昧だ。

成功というのは、単に間違わずに弾けたということではありません。私たち最高学年が抜けた後、文化祭を聴きに来てくれた後輩たちがこの部に入ってくれるような演奏をしましょう。そうね…文化祭の演奏で最低10人の新入部員を集めることを目標にしたいと思います。

オーケストラの中の1年生と2年生の何人かが大きく頷くのが見えた。3年生の同級生も、「それなら頑張らなくちゃ」という顔をしてくれている。

あんまりベラベラ喋っていては時間がもったいないわね。練習を始めましょう。

今回、優子はできるだけ曖昧な言葉を使わないようにした。
「綺麗に弾いて」ではなく、「もっと大きな音で」「ここは音程を合わせて」「リズムを正確に」などなど…。
　結果として、練習は1回目とは比べ物にならないほど、スムーズに進んだ。これならいけるかもしれない。練習を終えた優子は、あらためてクリッドと『原論』を学ぶことに可能性を感じ始めていた…。

定　義（全文）

1. 点とは部分をもたないものである。
2. 線とは幅のない長さである。
3. 線の端は点である。
4. 直線とはその上にある点について一様に横たわる線である。
5. 面とは長さと幅のみをもつものである。
6. 面の端は線である。
7. 平面とはその上にある直線について一様に横たわる面である。
8. 平面角とは平面上にあって互いに交わりかつ一直線をなすことのない二つの線相互のかたむきである。
9. 角をはさむ線が直線であるとき、その角は直線角とよばれる。
10. 直線が直線の上に立てられて接角を互いに等しくするとき、等しい角の双方は直角であり、上に立つ直線はその下の直線に対して垂線とよばれる。
11. 鈍角とは直角より大きい角である。
12. 鋭角とは直角より小さい角である。
13. 境界とはあるものの端である。
14. 図形とは一つまたは二つ以上の境界によってかこまれたものである。
15. 円とは一つの線にかこまれた平面図形で、その図形の内部にある１点からそれへひかれたすべての線分が互いに等しいものである。
16. この点は円の中心とよばれる。

定　義（続き）

17. 円の直径とは円の中心を通り両方向で円周によって限られた任意の線分であり、それはまた円を 2 等分する。

18. 半円とは直径とそれによって切り取られた弧とによってかこまれた図形である。半円の中心は円のそれと同じである。

19. 直線図形とは線分にかこまれた図形であり、三辺形とは三つの、四辺形とは四つの、多辺形とは四つより多くの線分にかこまれた図形である。

20. 三辺形のうち、等辺三角形とは三つの等しい辺をもつもの、二等辺三角形とは二つだけ等しい辺をもつもの、不等辺三角形とは三つの不等な辺をもつものである。

21. さらに三辺形のうち、直角三角形とは直角をもつもの、鈍角三角形とは鈍角をもつもの、鋭角三角形とは三つの鋭角をもつものである。

22. 四辺形のうち、正方形とは等辺でかつ角が直角のもの、矩形とは角が直角で、等辺でないもの、菱形とは等辺で、角が直角でないもの、長斜方形とは対辺と対角が等しいが、等辺でなく角が直角でないものである。これら以外の四辺形はトラペジオンとよばれるとせよ。

23. 平行線とは、同一の平面上にあって、両方向に限りなく延長しても、いずれの方向においても互いに交わらない直線である。

(中村幸四郎、寺阪英孝、伊東俊太郎、池田美恵訳『ユークリッド原論 追補版』共立出版、2011 年、1-2 頁)

第 2 章

証明のイロハ

2回目のリハーサルに手応えを感じた優子は、意気揚々と次回レッスンのための予習として『原論』の3ページ目以降を読んでみた。しかし、またしても出鼻をくじかれてしまった。文章がかなり読みづらい上に読めない文字もある。宿題なので命題5まではなんとか読んでみたものの、ほとんど内容は分からず文章は頭の中を素通りしていった。次回レッスンでじっくり聞いてみるしかない…。

　レッスン当日。部屋に入ると、クリッドは模造紙のような大きな紙に何やら書き込んでいたが、優子を見ると手を止めて優しい笑顔を向けてくれた。部屋の様子は前回とほとんど変わらないようだ。ただ机の上のPCはなくなり、代わりにヨーロッパのお土産でもらいそうな可愛らしい箱が置いてある。魔法瓶のようなポットは先週と同じだ。

▌優子、「分析力」の基礎を学ぶ

おはようございます！ 先生、聞いてください！ この間のレッスンの後に2回目のリハーサルがあったんですが、できるだけ意味が明解な言葉を使って、曖昧な言葉についてはお互いの認識を確認することに気をつけたら、とてもうまくいきました！

おはよう。それはよかったですね。どんな風にしたのですか？

練習中は音の大小や音程の高低、テンポの緩急などについて具体的に正すことに集中しました。それから、みんなでめざす成功は「文化祭での演奏後に10人の新入部員が入ってくれること」と定義しました。

ほう。なるほど。ちなみにどんな演奏をすれば、10人の新入部員が集まると思いますか？

それは…聴いている人が感動するような演奏だと思いますけど…。

では、どのような演奏をすれば感動してもらえると思いますか？

それは…ごめんなさい、分かりません。

いいんですよ。曖昧な言葉で感動を定義しようとしないのはかえって好感が持てます。ところで、優子さんはジョージ・セルという指揮者を知っていますか？

はい！ 知っています。随分昔の指揮者さんですよね。

よく知っていますね。そうです。セルは20世紀の中頃に活躍した往年の名指揮者で、亡くなってから40年以上経っていますが、いまだに録音を通じて根強いファンが多いですね。

私も何枚かCDを持っています。

セルは生前、「本物の指揮者は心で考え、頭で感じなければならない」と語っていました。

え？（日本語を間違えたのかしら…）
「心で感じ、頭で考える」ではないのですか？

違います。「心で考え、頭で感じる」というのは、「感情を冷静にコントロールしながら、感動を頭脳的に作り出す」という意味です。

計算高く演奏するということですか？

そう言ってしまうと、聞こえがよくありませんね（笑）。
でも、プロの音楽家ならば音楽には感動の理由があることを知り、楽曲を分析して作曲家が狙った感動を「正しく」作り出せるようにならなければいけないのです。

はあ…（そんな演奏に人は感動するものかしら？）。

 例えば、俳優の場合にも同じことが言えますよ。どんなに本人が哀しさを感じて演じていたとしても、それが観客に伝わらなければ俳優としては失格です。最も哀しみが伝わる方法を計算した上で演じることができなければ、プロの俳優とは言えないでしょう？

 まあ、それはそうかもしれませんが…。

 極論すれば、本人がどう感じているかはどうでもいいのです。
プロの表現者に大切なのは、分析する力とそれを伝える力です。 最初に会ったときに言った「ロジカルな演奏」とは、分析する力に裏打ちされた演奏に他なりません。

 でも…感動の理由なんて分析できるものなのですか？

 楽曲を分析するカギは、「和声」にあります。

 和声って、和音のことですか？

 そうです。でも、和声を通して楽曲を分析する方法については今日はやりません。
まずは、『原論』を使って分析力の基礎を磨いていきましょう。

 分析力の基礎…ですか？

 はい。『原論』には様々な証明が理想的な形で収められているので、これらを手本にして正しい証明とはどのようなものかを学びます。
正しい証明が分かれば、論理的に展開されているものは正しく分析で

きるようになりますし、非論理的な展開は間違いを指摘できるようにもなるでしょう。

 そういうものですか…。

 では、早速命題1ですが…。

 先生、そう言えば読めない文字があったんですけど…。

 ギリシャ文字のことですね。
『原論』では点や線分を表す際に、ギリシャ文字の大文字を使っています。日本語的な読み方も含めて書いておきましょう。

《ギリシャ文字》

1 : $A(\alpha)$ アルファ　　10 : $K(\kappa)$ カッパ
2 : $B(\beta)$ ベータ　　　11 : $\Lambda(\lambda)$ ラムダ
3 : $\Gamma(\gamma)$ ガンマ　　　12 : $M(\mu)$ ミュー
4 : $\Delta(\delta)$ デルタ　　　13 : $N(\nu)$ ニュー
5 : $E(\varepsilon)$ エプシロン　14 : $\Xi(\xi)$ クサイ
6 : $Z(\zeta)$ ゼータ　　　15 : $O(o)$ オミクロン
7 : $H(\eta)$ エータ　　　16 : $\Pi(\pi)$ パイ
8 : $\Theta(\theta)$ シータ　　　17 : $P(\rho)$ ロー
9 : $I(\iota)$ イオタ　　　18 : $\Sigma(\sigma)$ シグマ

 ギリシャ文字は全部で24文字ありますが、当面は出てこないので、とりあえずはここまででいいでしょう。
　ちなみに（　）の中は小文字です。

A、Bは「エー、ビー」じゃなくてアルファとベータの大文字だったんですね。このΓの出来損ないみたいなのはガンマって読むんですか…。

『原論』では、これらの文字を登場順に最初から順番に使っています。例えば4番目の点なら⊿（デルタ）、7番目の点ならH（エータ）という具合です。ただし9番目のI（イオタ）は使われません。ところで、『原論』に収められた命題は…命題の意味は分かりますか？

「真偽が判定できる事柄」でしたよね！

その通り。
で、**『原論』に収められている命題は、大きく分類して問題タイプと定理タイプに分かれます。**命題1は、最初に「～をつくること」とあるので問題タイプですね。

問題が命題、というのがよく分かりません。
問題の真偽を判定するということですか…？

問題タイプの場合、幾何においてはその多くが作図です。作図問題はまず図を描く手順を示し、次にその描いた図形が確かに求めるものであることを証明するというスタイルになっています。言うなれば、「この問題の答えはこれで正しい」という命題を証明するわけですね。

そう言えば、命題1がいきなり作図の問題から始まったことも意外な感じがしました…。

ギリシャ語で「証明する」という意味を持つ「デイクニュミ」は「図示する」という意味もあり、古くは「具体的に目に見えるようにすること」という意味もあったと言われています。

確かに目の前で実際に作図されると反論のしようがないかもしれませんね。

そもそも、古代ギリシャの数学の中心は目盛りのない定規とコンパスだけで行う作図問題でした。特にギリシャの三大作図問題は有名です。知っていますか？

 はじめて聞きました……。

 こういうものです。

　クリッドはホワイトボードの文字を消した後、慣れた手つきで問題のタイトルと図を描いていった。

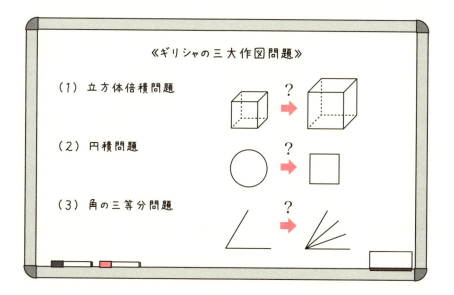

 （1）は与えられた立方体の2倍の体積を持つ立方体の一辺の長さを作図する問題、（2）は与えられた円と同じ面積の正方形を作図する問題、（3）は読んだままですが、与えられた角を三等分する線を作図する問題です。

どれもそんなに複雑な問題ではありませんね。

実は、これらはすべて作図不可能であることが証明されています。

え〜！？ そうなんですか？

証明されたのは19世紀のことなので、実に2000年以上も数多の数学者がこのギリシャ三大作図問題に挑戦し続け、そして散っていったことになります。

そんなに難しい問題なんですか？
なんだか頑張ればできそうな気がしますけど…。

そうでしょう。そのせいか、いまだにたくさんのアマチュア数学愛好家が数学者にこれらの「作図法」を送ってくるそうです。特に角の三等分問題は取り組む人が多く、数学者の間ではそういうアマチュアは"trisector"、日本語で言えば「三等分家さん」なんて呼ばれています。

その中に正解はあるのですか？

いいえ。ギリシャ三大作図問題が不可能であることは厳密に証明されていますので、アマチュアの方が送ってくる作図法には必ずどこかに誤りがあります。

へえ〜。

また話が脱線してしまいましたね。
『原論』の命題1に戻りましょう。

命題1（I巻）

> ### 1
>
> 与えられた有限な直線（線分）の上に等辺三角形をつくること。
>
> 与えられた線分を AB とせよ。
> このとき線分 AB 上に等辺三角形をつくらねばならぬ。
> 中心 A、半径 AB をもって円 BΓΔ が描かれ、また中心 B、半径 BA をもって円 AΓE が描かれ、そしてこれらの円が互いに交わる点 Γ から、点 A、B に線分 ΓA、ΓB が結ばれたとせよ。
>
>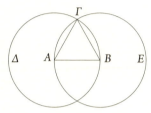
>
> そうすれば点 A は円 ΓΔB の中心であるから、AΓ は AB に等しい。また点 B は円 ΓAE の中心であるから、BΓ は BA に等しい。そして ΓA が AB に等しいことも先に証明された。それゆえ ΓA、ΓB の双方は AB に等しい。ところで同じものに等しいものは互いにも等しい。ゆえに ΓA も ΓB に等しい。したがって3線分 ΓA、AB、BΓ は互いに等しい。
>
> よって三角形 ABΓ は等辺である。しかも与えられた線分 AB 上につくられている。これが作図すべきものであった。
>
> (中村幸四郎、寺阪英孝、伊東俊太郎、池田美恵訳『ユークリッド原論 追補版』共立出版、2011年、3頁)

 最初に「等辺三角形をつくること」とありますが、等辺三角形っていうのは二等辺三角形のことですか？

 定義の20（P56）に「三辺形のうち、等辺三角形とは三つの等しい辺をもつもの」とあるので、等辺三角形というのは正三角形のことですね。

 あ、確かに書いてありますね。

さっきも言いましたが、これは問題タイプの命題なので前半は作図の手順の説明で、後半は証明になっています。

全体的にとても読みづらいんですけど…。

慣れないうちは確かに読みづらいですね。ただ、『原論』はどの命題も一貫したスタイルで書かれているので、それが分かればぐっと読みやすくなります。最初にそれを説明しましょう。

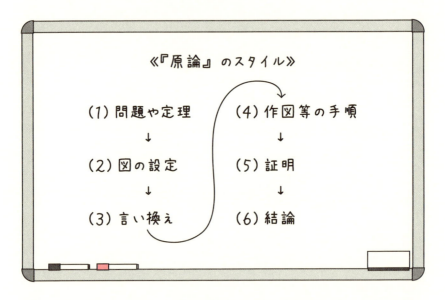

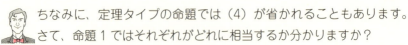ちなみに、定理タイプの命題では（4）が省かれることもあります。さて、命題 1 ではそれぞれがどれに相当するか分かりますか？

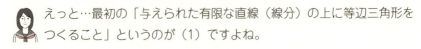えっと…最初の「与えられた有限な直線（線分）の上に等辺三角形をつくること」というのが（1）ですよね。

はい。（2）と（3）は分かりますか？

「与えられた線分を AB とせよ」が（2）、「線分 AB 上に等辺三角形をつくらねばならぬ」が（3）ですか？

その通りです。ここからはやや複雑になるので、ホワイトボードで説明しましょう。これはもう書きましたか？

はい、書きました！

　クリッドはホワイトボードの上部をポーンと叩き、ボードを回転させた。ホワイトボードはリバーシブルになっていて、裏には命題1が大きくコピーされた模造紙が貼ってある。クリッドはそこに問題、設定…などと書き入れていった。

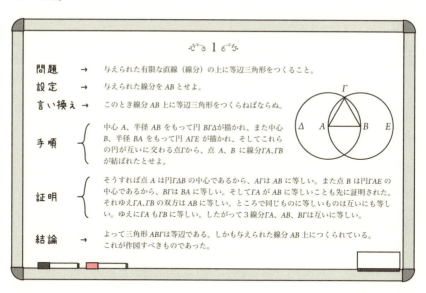

「手順」の前半では、公準の3（P34）に従って円が作図されています。優子さん、公準の3を読みあげてみてください。

えっと…**「任意の点と距離（半径）とをもって円を描くこと」**とあります。あ、本当に公準通りですね。

公準というのは、図形に関して最初に認めておく要請のことでしたね。そして、手順の後半でも公準の1の通りに線分が引かれていることに注目してください。

さっそく公準が活躍しているわけですね。

証明の前半で $A\Gamma = AB$ と $B\Gamma = BA$ を示すくだりは、円に関する定義の15（P55）**「円とは一つの線にかこまれた平面図形で、その図形の内部にある1点からそれへひかれたすべての線分が互いに等しいものである」**が根拠になっています。

結局、円の中心から円周までの距離は等しいことを使っているわけですよね？

そうです。続いて公理の7**「互いに重なり合うものは互いに等しい」**を使って、$A\Gamma = \Gamma A$、$B\Gamma = \Gamma B$、$AB = BA$ であることから $\Gamma A = AB$、$\Gamma B = AB$ と導いています。

当たり前なことをクドクドと書いていますね…。

はい。でも公理を使って示すとはこういうことです。

慎重過ぎるくらい慎重なんですね…。

さらに、公理の1**「同じものに等しいものはまた互いに等しい」**をあらためて書いた上で $\Gamma A = \Gamma B$ を示し、最終的に $\Gamma A = \Gamma B = AB$ であることを証明しています。

なるほど。

なお、最後にある「これが作図すべきものであった」は決まり文句で、作図タイプの命題の最後には必ず書いてあります。

定理タイプの最後にも決まり文句はあるんですか?

定理タイプの最後は、必ず「これが証明すべきことであった」になっています。ラテン語で言うと「quod erat demonstrandum」で、ちょっとキザな人が証明の最後につける「Q.E.D」はこの頭文字を取ったものです。

「Q.E.D」は聞いたことがあります!

先日もお話した通り、当時は「＝」を使った数式はまだ発明されていないので文章のみで書かれていますが、命題1の証明部分を文字をローマ字に直した上で数式に翻訳しておきましょう。

クリッドは再びホワイトボードを回転させた。

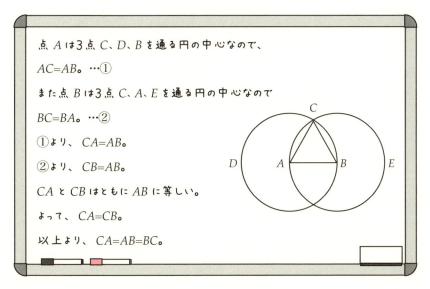

こういう風に書いてもらうと、だいぶ分かりやすくなりますね！
中学で最初に証明を習ったときのことを思い出します。

そうでしょう。なんと言っても、**『原論』の最大の功績は「証明」のスタイルを確立したことにありますから。**この間も話した通り、『原論』はその後も中世、近代と長年に渡って読み継がれ、少なくとも19世紀までは学問を志すほぼすべての人が学んだ数学の教科書です。
結果、『原論』のスタイルはすっかり定着し、数学の証明は『原論』をテンプレートにするようになりました。だから、日本においても最初に証明を教えるときは『原論』のスタイルを教えるわけです。

なるほどー。

命題2・3（Ⅰ巻）

続いて、命題2を見てみましょう。これも問題タイプです。

　クリッドはホワイトボードを回転させると、命題1の模造紙を剥がし、どこからか持ってきた別の模造紙を貼りつけた。そこには、既にクリッドの字で書き込みもしてあった。

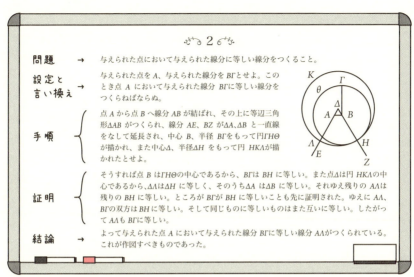

問題	→	与えられた点において与えられた線分に等しい線分をつくること。
設定と言い換え	→	与えられた点を A、与えられた線分を $B\Gamma$ とせよ。このとき点 A において与えられた線分 $B\Gamma$ に等しい線分をつくらねばならぬ。
手順	{	点 A から点 B へ線分 AB が結ばれ、その上に等辺三角形 ΔAB がつくられ、線分 AE、BZ が ΔA、ΔB と一直線をなして延長され、中心 B、半径 $B\Gamma$ をもって円 $\Gamma H\Theta$ が描かれ、また中心 Δ、半径 ΔH をもって円 $HK\Lambda$ が描かれたとせよ。
証明	{	そうすれば点 B は $\Gamma H\Theta$ の中心であるから、$B\Gamma$ は BH に等しい。また点 Δ は円 $HK\Lambda$ の中心であるから、$\Delta\Lambda$ は ΔH に等しく、そのうち ΔA は ΔB に等しい。それゆえ残りの $A\Lambda$ は残りの BH に等しい。ところが $B\Gamma$ が BH に等しいことも先に証明された。ゆえに $A\Lambda$、$B\Gamma$ の双方は BH に等しい。そして同じものに等しいものはまた互いに等しい。したがって $A\Lambda$ も $B\Gamma$ に等しい。
結論	→	よって与えられた点 A において与えられた線分 $B\Gamma$ に等しい線分 $A\Lambda$ がつくられている。これが作図すべきものであった。

(中村幸四郎、寺阪英孝、伊東俊太郎、池田美恵訳『ユークリッド原論 追補版』共立出版、2011 年、3-4 頁)

（用意がいいのねえ）この命題も一応読んでは見たのですが、命題 1 に輪をかけて分かりづらかったです…。

確かに分かりやすくはありません。そもそも **「与えられた点において与えられた線分に等しい線分をつくること」** という問題の意味が分かりづらいですね。

ただ、後に続く言い換えを見ると、与えられた点と与えられた線分の端の点は別物であることが分かります。

そう…ですね…。

命題 2 は作図の手順がやや複雑なので、一つひとつ分解してみましょう。

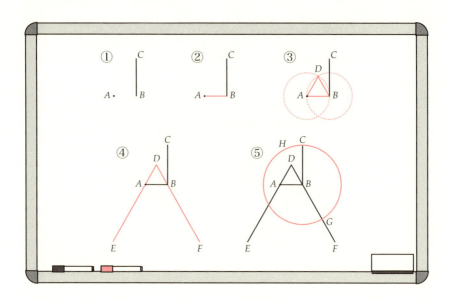

ギリシャ文字はローマ字に直してあります。

（円を描くのがうまいわねえ）こうして書いてもらえると分かりやすいです。

②の線分 AB の作図は公準の1に従っています。
優子さん、公準の1（P34）を読んでください。

「任意の点から任意の点へ直線をひくこと」とあります。

そうですね。まさに公準通りでしょう。
また、③で正三角形を描く手順は「その上に等辺三角形（正三角形）ΔAB（DAB）がつくられ」とさらっと書かれていますが、実際には命題1の手順で行います。

一度やったことはさらっと流すんですね…。

それは『原論』の一つの特徴です。先に行けば行くほど、前に学んだどの命題を利用しているのかを注意しておかないと、迷子になってしまうので気をつけてください。
ところで、④の AE や BF の直線をひく際にはどの公準を使っているか分かりますか？

えっと…2番目の公準ですか？

正解。これらの直線は<u>「有限直線を連続して一直線に延長すること」</u>という公準の2に従って描いています。ここで言う有限直線とは、DA や DB のことですね。また、⑤の手順では B を中心とする半径 BC の円を描いているわけですが、これは命題1でも使った公準の3に従っています。
命題2の作図はまだ終わりではありません。⑤の後に今度は D を中心とする半径 DG の円を、やはり公準の3に従って描きます。最終的にできあがる図はこんな図です。

と言って、またクリッドはホワイトボードを回転させた。

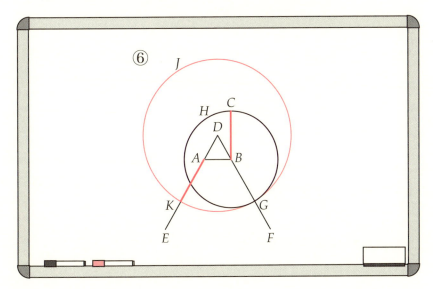

こうすることで、与えられた線分 BC と同じ長さの線分 AK が作図できたことになります。

あの…ちょっと質問いいですか？

もちろん！

こんなに複雑なことをしなくても、与えられた線分 BC の長さをコンパスで測り取り、A を中心にして円を描いてしまえば、⑥の線分 AK が描けると思うのですが、それではダメなんでしょうか？

非常に鋭い質問ですね！ 確かに公準の3に**「任意の点と距離（半径）とをもって円を描くこと」**とありますので、優子さんの言うような方法で⑥の線分 AK を描くことも許されるような気がしますね。
でも、ユークリッドは中心から離れたところにある線分を半径とする円を描くことは想定していないようです。これは私の想像ですが、ユークリッドは「コンパスで測り取ってから別の場所に円を描く」という作業は厳密ではないと考えたのではないでしょうか。そのため、次の命題3で行う作図もやや複雑な手順を踏んでいます。

そうなのですね。
確かに、長さを測り取った後にコンパスを移動させると、微妙にコンパスの幅が変わってしまうことってあり得そうですね。

そもそも、今よりも文房具の質はずっと悪かったはずですから、少し移動させるだけでも簡単に幅が変わってしまったのかもしれませんね。

先生、証明部分も書き直してもらえませんか？

分かりました。

点 B は 3 点 C、G、H を通る円の中心なので、
BC＝BG。…①
また点 D は 3 点 G、J、K を通る円の中心なので、
DK＝DG。…②
さらに（△DAB は正三角形だから）
DA＝DB。
これと②より、DK−DA＝DG−DB。
ゆえに AK＝BG。…③
①、③より AK と BC はともに BG に等しい。
よって、AK＝BC。

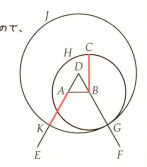

$DK = DG$ と $DA = DB$ から $DK - DA = DG - DB$ としている点に注目してください。ここでは公理の3**「等しいものから等しいものがひかれれば、残りは等しい」**が使われています。

また、①と③から $AK = BC$ を導く際に用いているのは、命題1でも登場した公理の1**「同じものに等しいものはまた互いに等しい」**です。

なるほど。

ここで休憩を入れたいところですが、ちょっとキリが悪いのでこのまま命題3の解説に入っても大丈夫ですか？

大丈夫です！（元気は私の取り柄よ！）

ありがとう。頼もしいですね。命題3はすぐ終わります。これも模造紙に分析を書いておいたので、見てください。

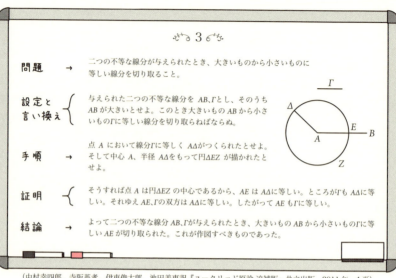

問題	→	二つの不等な線分が与えられたとき、大きいものから小さいものに等しい線分を切り取ること。
設定と言い換え	{	与えられた二つの不等な線分を AB、Γ とし、そのうち AB が大きいとせよ。このとき大きいもの AB から小さいもの Γ に等しい線分を切り取らねばならぬ。
手順	→	点 A において線分 Γ に等しく $A\Delta$ がつくられたとせよ。そして中心 A、半径 $A\Delta$ をもって円 ΔEZ が描かれたとせよ。
証明	{	そうすれば点 A は円 ΔEZ の中心であるから、AE は $A\Delta$ に等しい。ところが Γ も $A\Delta$ に等しい。それゆえ AE、Γ の双方は $A\Delta$ に等しい。したがって AE も Γ に等しい。
結論	→	よって二つの不等な線分 AB、Γ が与えられたとき、大きいもの AB から小さいもの Γ に等しい AE が切り取られた。これが作図すべきものであった。

(中村幸四郎、寺阪英孝、伊東俊太郎、池田美恵訳『ユークリッド原論 追補版』共立出版、2011年、4頁)

 これは作図の手順が短めですね！

 手順前半の「点 A において線分 Γ に等しく $A\Delta$ がつくられたとせよ」は命題2の手順と同じなので、詳しいことが省かれているからですね。

 後半は、また公準の3に従って円を描くだけですね。

 その通りです。証明部分はまた書き直しておきましょう。
ここでも $AF = CD$ を示す際に公理の1を使っていますね。

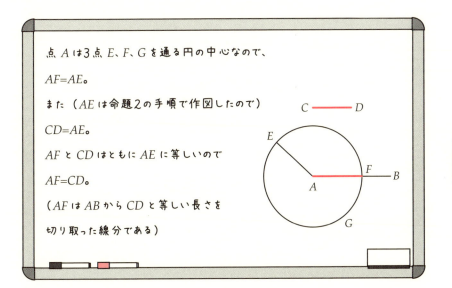

点 A は3点 E、F、G を通る円の中心なので、
$AF=AE$。
また（AE は命題2の手順で作図したので）
$CD=AE$。
AF と CD はともに AE に等しいので
$AF=CD$。
（AF は AB から CD と等しい長さを
切り取った線分である）

「**同じものに等しいものはまた互いに等しい**」というやつですね。

ここで、三つの命題と公準や公理の関係を一度まとめておきましょう。これはもういいですか？

ちょっと…待ってください（と言いながら書き写す）。
はい、大丈夫です！

クリッドは、時間をかけてフローチャートのような図を書き上げた。

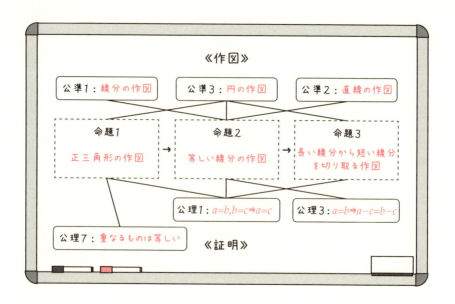

わあ、こうしてまとめてもらうと分かりやすいですね！

定義については書いていませんが、円の定義（定義15）はすべての命題で、また正三角形の定義（定義20）は命題1と命題2で使っています。

公準の3と公理の1は毎度使っているのですね。

そうですね。それから命題の1～3はこの順番でなければいけないことも分かるでしょう？

確かに！

これを写したら少し休憩してください。今日もそこのポットには紅茶が入っています。
あと、よかったらウィーンのチョコレートもありますよ。

と言って机の上の箱の蓋を開けてから、クリッドは部屋を出て行った。その背中に優子は声をかける。

ありがとうございます！

第2章 証明のイロハ

命題4(I巻)

                             4

  もし二つの三角形が 2 辺が 2 辺にそれぞれ等しく、その等しい 2 辺にはさまれる角が等しいならば、底辺は底辺に等しく、三角形は三角形に等しく、残りの 2 角は残りの 2 角に、すなわち等しい辺が対する角はそれぞれ等しいであろう。

  $ABΓ$、$ΔEZ$ を 2 辺 AB、$AΓ$が 2 辺$ΔE$、$ΔZ$ に、すなわち AB が $ΔE$ に、$AΓ$が$ΔZ$ にそれぞれ等しく、かつ角$BAΓ$が角$EΔZ$に等しい二つの三角形とせよ。底辺 $BΓ$は底辺 EZ に等しく、三角形$ABΓ$は三角形$ΔEZ$に等しく、残りの角は残りの角に、等しい辺が対する角はそれぞれ等しい、すなわち角 $ABΓ$は角$ΔEZ$ に、角 $AΓB$ は角$ΔZE$ に等しいであろうと主張する。

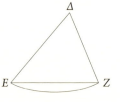

  三角形$ABΓ$が三角形$ΔEZ$ に重ねられ、点A が点$Δ$の上に、線分AB が$ΔE$ の上におかれれば、AB は$ΔE$ に等しいから、点B も E に重なるであろう。また AB が $ΔE$ に重なるとき、角 $BAΓ$が角 $EΔZ$ に等しいから、線分 $AΓ$も$ΔZ$ に重なるであろう。それゆえ、$AΓ$がまた$ΔZ$ に等しいから、点$Γ$も点 Z に重なるであろう。ところが、点 B もすでに E と重なっている。したがって底辺$BΓ$は底辺EZに重なるであろう。なぜならもし B が E に、$Γ$が Z に重なっているのに、底辺 $BΓ$が EZ に重ならないならば、2 線分が面積をかこむことになるであろう。これは不可能である。それゆえ底辺 $BΓ$は EZ に重なりそれに等しくなるであろう。したがって三角形 $ABΓ$全体も三角形$ΔEZ$ 全体に重なりそれと等しくなるであろう。そして残りの角も残りの角に重なりそれと等しくなるであろう、すなわち角 $ABΓ$は角$ΔEZ$ に、角 $AΓB$ は角 $ΔZE$ に等しくなるであろう。

  よってもし二つの三角形が2辺が2辺にそれぞれ等しくその等しい2辺にはさまれる角が等しいならば、底辺は底辺に等しく、三角形は三角形に等しく、残りの2角は残りの2角に、すなわち等しい辺が対する角はそれぞれ等しいであろう。これが証明すべきことであった。

(中村幸四郎、寺阪英孝、伊東俊太郎、池田美恵訳『ユークリッド原論 追補版』共立出版、2011 年、4-5 頁)

それでは再開しましょう。命題4は、はじめての定理タイプです。この定理の意味は分かりますか？

えっと、分かりません…。

確かに分かりづらい表現ですよね。実はこれは、いわゆる三角形の合同条件の一つです。
日本では三角形の合同条件を学ぶのはいつですか？

確か、中学2年生のときだったと思います。

その三角形の合同条件の中に、「2辺とその間の角が等しい」というのがあったのを覚えていませんか？

覚えています！ ありましたね。

命題4はそれです。「二つの三角形において2辺とその間の角が等しければ、二つの三角形は合同である」という定理を意味しています。

三角形の合同条件って定理なんですか？

「条件」と名前がついているので定理だと認識していない人もいるようですが、命題4のように正しいことが証明できる事柄ですから立派な定理です。

そもそも、定理って何でしたっけ…？

定理というのは、**「正しいことが証明された事柄のうち、よく使われるもの」**です。

よく使われるもの、なんてちょっと曖昧ですね。

はい。どんなことでも正しいことが証明されているのであれば、定理になり得ます。ただし、それが世間に浸透するかどうかは別問題です。

そういう意味では、三角形の合同条件はものすごく世間に認められている定理だということになりますね。

そうですね。命題4も念のため構成を分析しておきましょう。

と言いながら、クリッドは新しい模造紙をホワイトボードに貼った。

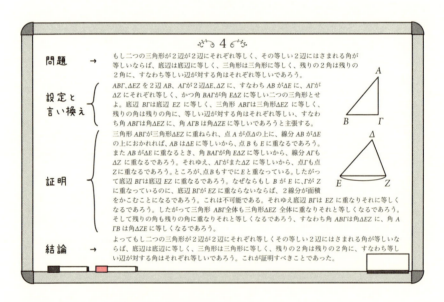

この命題は長いので、字が小さくなってしまってごめんなさい。命題1～3と違うのは、定理タイプなので(作図の)手順はありません。

命題4で大事なところはどこですか？

それは二つあります。一つは「等しい」ということを重ね合わせることで確かめようとしているところです。

あ、前にもありましたね。公理の7「互いに重なりあうものは互いに等しい」を使っているということですか？

その通りです！ この重なり合うことを使って等しいことを証明するのは『原論』の大きな特徴の一つです。

もう一つは何ですか？

証明部分の上から6～8行目のところに、「もし B が E に、Γ が Z に重なっているのに、底辺 $B\Gamma$ が EZ に重ならないならば…」とあるのが分かりますか？

ちょっと待ってください…4、5、6行目…はい、ありますね。

ここは、『原論』ではじめて登場するになっています。

背理法？

最初に証明したいことの結論を否定し、矛盾を導くことで証明とする方法のことです。

？？？

今は分からなくて大丈夫です。後でもっと大胆に背理法が使われている命題が出てきますから、そのときに詳しく解説しましょう。

お願いします。

ところで優子さん、この命題はどうして4番目に登場すると思いますか？

 えっ、たまたまじゃないんですか？

 たまたまではありません。
『原論』の命題の順序は非常に巧みに考えられていて、後の命題に必要な命題は必ずそれより前に証明されるようになっています。ほとんどすべての命題の順番には理由があると思ってください。

 でも、この命題4は1～3とは全然関係ないように思えるんですけど…。

 さっき、重ね合わせによって等しいことを証明しているのが、この命題のポイントだという話をしましたが、例えば…。

クリッドはホワイトボードを回転させて、図を描き始めた。

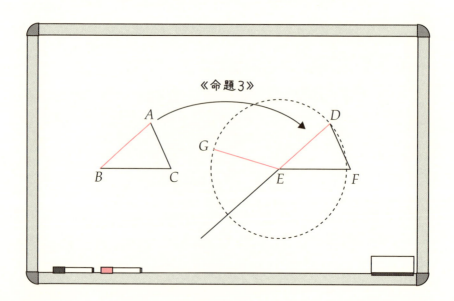

このように三角形 ABC の AB と三角形 DEF の DE を重ねるためには、AB を DE に移動させる必要があります。
でも、ユークリッドは、おそらく性能上の問題だと思いますが、コンパスで AB の長さを測り取って離れた場所にある DE に重ねるということを許していません。もちろん定規には目盛りがないので、定規で AB の長さを測るのもダメです。

あ！

気づきましたか？ そうなんです。だからこそ、命題 3 が必要になります。命題 3 を使えば、直線 DE 上に辺 AB と同じ長さの線分を作図することができるのです。

なるほど！

命題 3 には命題 2 が、命題 2 には命題 1 が必要でしたから、結局命題 4 のためには命題 1〜3 がすべて必要だということになります。最後に、命題 4 の翻訳も書いておきましょう。

△ABC と △DEF において、
AB=DE、 AC=DF、∠BAC=∠EDF …①
とする。
△ABC を △DEF に重ねようとするとき、
AB を DE に重ねると①より AC と DF も重なる。
このとき、
B と E、C と F がそれぞれ重なっているのに
辺 BC と辺 EF が重ならないとすると、
<u>2 線分によって面積を囲むことになるので矛盾。</u>
よって辺 BC と辺 EF も重なり、BC=EF。
結局、△ABC 全体が △DEF に重なるから、
∠ABC=∠DEF、∠ACB=∠DFE である。

下線部の矛盾の根拠は分かりますか？

 2線分によって面積を…って、確か先週やりましたよね。前のノートを見ていいですか？

 どうぞ。

 あ、これです。公理の9（P44）ですね。

 そうです。読んでください。

 「また2線分は面積をかこまない」

 そうですね。使いみちが想像しづらい公理だったかもしれませんが、早くもここで登場します。
　さて、いよいよ次は今日の最後の命題です。

命題5（I巻）

二等辺三角形の底辺の上にある角は互いに等しく、等しい辺が延長されるとき、底辺の下の角は互いに等しいであろう。

ABΓを辺 AB が辺 AΓに等しい二等辺三角形とし、線分 BΔ、ΓE が AB、AΓと一直線をなして延長されたとせよ。角 ABΓは角 AΓBに、角ΓBΔは角 BΓE に等しいと主張する。

BΔ上に任意の点 Z がとられ、大きい線分 AE から小さい線分 AZ に等しい AH が切り取られ、線分 ZΓ、HB が結ばれたとせよ。

そうすれば AZ は AH に、AB は AΓに等しいから、2 辺 ZA、AΓは 2 辺 HA、AB にそれぞれ等しい。そして共通の角 ZAH をはさむ。それゆえ底辺 ZΓは底辺 HB に等しく、三角形 AZΓは三角形 AHB に等しく、残りの角は残りの角に、等しい辺が対する角は等しくなる、すなわち角 AΓZ は角 ABH に、角 AZΓは角 AHB に等しいであろう。そして AZ 全体は AH 全体に等しく、そのうち

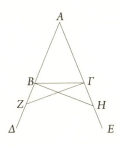

AB は AΓに等しいから、残りの BZ は残りのΓH に等しい。ところが ZΓが HB に等しいことも先に証明された。かくて 2 辺 BZ、ZΓは 2 辺ΓH、HB にそれぞれ等しい。しかも角 BZΓは角ΓHB に等しく、底辺 BΓはそれらに共通である。それゆえ三角形 BZΓも三角形ΓHB に等しく、残りの角は残りの角に、すなわち等しい辺が対する角はそれぞれ等しいであろう。したがって角 ZBΓは角 HΓB に、角 BΓZ は角ΓBH に等しい。すると角 ABH 全体が角 AΓZ 全体に等しいことは先に証明されており、そのうち角 ΓBH は角 BΓZ に等しいから、残りの角 ABΓは残りの角 AΓB に等しい。そしてそれらは三角形 ABΓの底辺の上にある。また角 ZBΓが角 HΓB に等しいことも先に証明された。そしてこれらは底辺の下にある。

よって二等辺三角形の底辺の上にある角は互いに等しく、等しい辺が延長されるとき、底辺の下の角は互いに等しいであろう。これが証明すべきことであった。

(中村幸四郎、寺阪英孝、伊東俊太郎、池田美恵訳『ユークリッド原論 追補版』共立出版、2011 年、5-6 頁)

また長いですね…。

 実はこの命題 5 は俗に **「ロバの橋」** と呼ばれていて、中世以降は『原論』の授業の際、この命題を理解できるかどうかで理系の素養があるかどうかを判断されたようです。

 ロバ…ですか？

 余談ですが、ヨーロッパでは古くからロバは愚か者の代名詞のように使われてきました。実際、英語でロバを意味する"ass"には「馬鹿」とか「強情者」という意味があります。
"If an ass goes a traveling, he'll not come home a horse." という諺も有名です。

 どういう意味ですか？

 「ロバが旅に出たところで馬になって帰ってくるわけではない」。
知識のない者、利口でない者が旅や留学に出かけても悟りを開いて帰ってくるような者はいない、本質は簡単に変わるものではないという意味ですね。

 へえ。耳が痛いですね…。

 命題 5 がロバの橋と呼ばれるのは、証明の図が橋のように見えることから、「この橋はロバ、すなわち愚か者には渡れない」という意味だと思われます。

 そんなに難しいのですか…。

 結局は、二等辺三角形の二つの底角は互いに等しいということを導くわけですが、証明が入り組んでいるので注意が必要です。ちなみに、

この命題は作図タイプでしょうか、それとも定理タイプでしょうか？

定理タイプです。

そうですね。もう構成の分析はいいですか？

なんとなく分かります。最初の2行が「問題」で、その後に続く5行が「設定と言い換え」ですか？

その通りです。
そして続く証明では、まず二等辺三角形の底角の外角が互いに等しいことを示し、その後で底角どうしが等しいことを示しています。

どういうことですか？

優子の質問を受けて、クリッドは再びホワイトボードに図を描き始める。

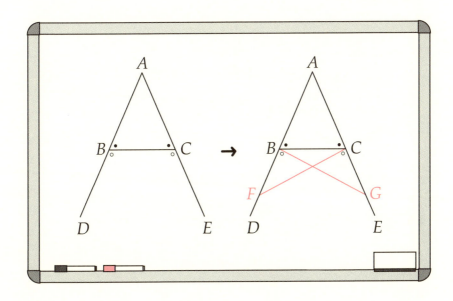

三角形 ABC が AB = AC の二等辺三角形であるとき、最初に○の角度どうしが等しいことを証明し、その後、●の角度どうしも等しいことを証明しているということです。

 ○どうしが等しいことさえ分かれば、●どうしが等しいのは当たり前ですね！

 そうなのですが、ユークリッドは 180° を角として認めていないので、●どうしが等しいことにもやや複雑な証明がなされています。

 え〜そうなのですか？
なぜ、180° を角度として認めていないのですか？

 ユークリッドは定義 8（P55）で、**「平面角とは平面上にあって互いに交わりかつ一直線をなすことのない二つの線相互のかたむきである」**と書いています。一方、180° は二つの直線が一直線になるときにできる角度ですから、この定義では 180° を角度として認めることはできないのです…。

 なんで、そんな面倒な定義にしたのでしょうか？

 これは想像ですが、もしかしたら 180° を角度として定義することで、数学的というよりもむしろ哲学的な批判を受けることを怖れていたのかもしれません。
ユークリッドは前書きを書かなかったことからも推測できるように、『原論』に哲学的な議論が入り込むことをひどく嫌っていた節がありますから、ここでもそれを心配して、多少の面倒は承知の上で、あえて文句のつけようのない定義を採用したのではないでしょうか。

 はあ…そうなんですね（やっぱり面倒だわ）。

 命題 5 の証明のポイントは、AB、AC の延長上に AF = AG となるように点 F、G をとって補助線 CF と BG を引くところにあります。

どうして、そんな補助線を引くのですか？

こうすると、命題4で証明した「二つの辺とその間の角が等しければ、三角形は合同」という定理を使って、三角形 ABG と ACF、三角形 BFC と CGB がそれぞれ合同になることが使えるからです。

先生…ついて行けなくなりました…。

これも、証明の翻訳をホワイトボードに書きましょうね。今回は長いので、少し簡略化します。ちなみに「≡」は合同を示す記号です。

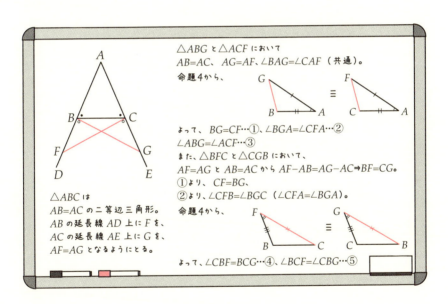

わあ、ビッチリですね…。

はい。でも、まだ終わりではありません。
④は○の角度、すなわち二等辺三角形の底角の外角が等しいことを示

していますが、底角どうしが等しいことを示すのはこの後です。●の底角どうしが等しいことは③と⑤を使って、

$$\angle ABG - \angle CBG = \angle ACF - \angle BCF \Rightarrow \angle ABC = \angle ACB$$

のように示します。
ところで、このロジックはどの公理を使っているか分かりますか?

休憩前にも出てきましたよね…。あ、命題2で使った公理の3 **「等しいものから等しいものがひかれれば、残りは等しい」**でしょうか?

その通りです。命題5の証明では、命題4で示した三角形の合同条件と公理の3をそれぞれ2回ずつ使っていますね。

確かに、この「ロバの橋」は難しいですね。
私、渡れないかもしれません…。

ハハハ、大丈夫です。あなたならきっと渡れますよ。こういう少し複雑な証明は、読んでいるだけではなかなかピンとこないものです。ぜひ家に帰ってから、ノートにこの証明を書いてみてください。
そして、納得ができたら今度は何も見ずにもう一度書いてみるのです。
そうすれば、この証明がぐっと自分のものになります。

分かりました。先生がそうおっしゃるならやってみます。

今日はこれで終わりにしましょう。
ところで、来週からしばらくバカンスも兼ねてヨーロッパに帰るので、次のレッスンは9月にさせてください。

では…宿題は何をしておけばいいですか?

『原論』はこの後、拾い読みで進めていきますから予習はしなくてもいいです。

（やった！）

その代わり、音楽理論を勉強しておいてください。
特に「和声」を重点的に。

はい！調べてみます。

優子、感動の分析に挑む

　外に出ると、あたりはすっかり日が暮れていた。6月だというのに風が少し肌寒い。今日のレッスンは湯気が出そうなほど頭を使ったが、涼しい風に吹かれていると、どこか清々しい気持ちにもなった。正しいことを示すということがどれだけ大変なことかが分かったような気がしたし、なにより正しさを理解できる自分が嬉しくもあったのだ。結局、物事の正しさというのは、結果を見ただけでは分からない。正しさの根拠はいつもそこに至るプロセスにある、そんな風に思う自分自身に優子は驚いた。

　と、そのとき優子は「あっ！」と思わず声を出してしまった。音楽もそうなんじゃないだろうか。仮に「正しい音楽」というものが存在するとして、その正しさによる感動があったとしても、音楽家たるものその瞬間を闇雲に探すようではきっといけないのだ。感動には理由がある。正しさに理由があるように。音楽家なら楽譜から感動の理由を分析（アナリーゼ）できるようにならなければならない。それが「頭で感じ、心で考える」ということではないのか…。だからこそ、クリッドは音楽理論の習得を宿題に出したのだろう。

　次の日から、音楽理論の本を読み漁るようになった。クリッドに言われた通り、和声すなわち和音について調べるうちに、和音にはそれぞれ役割があることが分かってきた。その役割のことを「機能」とも言う。

　特に重要なのが、トニカ（T）とドミナント（D）とサブドミナント（S）

の三つの機能である。これらについて簡単にまとめるとこうだ。

《トニカ（T）》

　ハ長調で言えば、ドミソ。和声の中心となる機能である。トニカの機能を持つ和音が鳴らされると、人は自宅にいるような安心や安定、解放を感じる。通常、楽曲の最後はトニカで終わる。

《ドミナント（D）》

　ハ長調で言えば、ソシレ。トニカとは対照的で、見知らぬ土地にいるような緊張した印象を与える。ラテン語で「導く」という意味で、トニカに移行しようとする力が強い。トニカに向かって緊張が解ける方向で和音が移行することを解決と呼ぶ。

《サブドミナント（S）》

　ハ長調で言えば、ファラド。ドミナントほど強くはないが、トニカに比べれば「緊張」した印象を与える。馴染みの外出先にいるような感覚に近い。そこからさらに遠出することも自宅に戻ることもできるので、サブドミナントからはドミナントに移行することも、トニカに移行することもある。

　音楽理論の勉強を進めていくと、楽曲を分析するためにはカデンツと呼ばれる、次の和声進行（和音の移り変わり）を理解することが最も大切だということが分かってきた。

$$\cdot T \rightarrow D \rightarrow T$$
$$\cdot T \rightarrow S \rightarrow D \rightarrow T$$
$$\cdot T \rightarrow S \rightarrow T$$

（T：トニカ、D：ドミナント、S：サブドミナント）

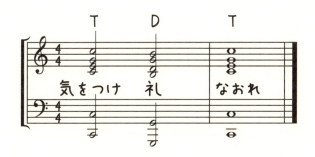

　古いポップスのほとんどは、これらの和声進行だけで曲が作られている。音楽の時間によく聞かされた「気をつけ〜→礼→なおれ〜」は、この中で最も基本的な T→D→T のカデンツであることも分かった。

　中でも重要なのは「礼」に相当するドミナントのようだ。いくつかの曲を調べてみると、曲のクライマックスと言うべき瞬間、その自然と魂が揺さぶられるような音はドミナントの和音とともに鳴っていることが非常に多いことに優子は気がついた。ドミナントの和音が持つ緊張の印象によって高揚させられた後、次に来るトニカで自宅に戻ったような安心感を得ることができ

るから音楽の感動が生まれるのだ。

　カデンツという緊張と緩和によって感動が生まれることは、音楽における定理と言えるのではないか？　優子はやがてそう考えるようになった。

　偉大な作曲家たちは、基本的なカデンツから発展して様々なカデンツのヴァリエーションを作ってきた。後の作曲家たちは先人の創造したカデンツをさらに発展させることで、また新しい形のカデンツを作る。それは過去に証明された定理を使って、新しい定理を証明していく『原論』の進め方にそっくりではないか。

　優子は約3ヶ月の間、夢中になって色々な曲のアナリーゼに挑んだ。中には和音だけでなく、リズムでカデンツを作っている作曲家もいる。また楽譜を読むだけでは発見できない複雑なカデンツもたくさんあって、人の演奏を聴いてはじめて気づくこともあった。そういう演奏は、もちろんたくさんの人の心を捉える。

　一流の演奏とは結局、自分なりに理解したカデンツの感動を聴衆が分かるように演奏することなのだ。

　優子は、2回目のレッスンを通して、定理を積み重ねることでより高度な正しい結論を導く術を知った。**人がジャンプ力だけを頼りに到達できる高さには限度があるが、ブロックを積み重ねて階段を作ることができれば、ジャンプとは比較にならないほどの高みにまで行くことができる。定理を積み重ねるというのはそういうことだ。**

　積み重ねていくためにはプロセスに注目する必要がある。クリッドが言う**「分析力」とは結局、プロセスを見る力**のことだろう。優子は、音楽理論の勉強と楽曲のアナリーゼを通してプロセスを見る目を養っていった。

第3章
深い証明

3ヶ月にわたる音楽理論の勉強と楽曲アナリーゼに、優子はかなりの手応えを感じていた。実際、夏休み明けにあったリハーサルの中でカデンツを際立たせるテンポ設定や強弱を試みたところ、優子は指揮をしながら感動することができた。しかも、メンバーの顔を見ればそれは自分だけの感覚でないことも確信できた。「いい音楽を演奏している！」という自信をはじめて持つことができたのだ。
　そして、今日はいよいよクリッドの3回目のレッスン。優子はクリッドに報告したいことがたくさんある。

必要条件と十分条件

おはようございます！

おはよう。

先生、聞いてください！ 先生のおっしゃる通り、和声を中心に音楽理論を勉強してカデンツのことを知りました。カデンツこそ「感動の理由」だと思ったのですが、どうでしょうか？

よく気がつきましたね。私があなたに和声を勉強してほしかったのは、まさにカデンツのことを学んでほしかったからです。もちろん、音楽がもたらす感動の理由はカデンツだけではありませんが、カデンツをしっかりと聴かせることが感動をもたらすための必要条件であることは確かです。
ところで、優子さんは**必要条件**と**十分条件**の違いが分かりますか？

学校で習った記憶はありますが、そのときもよく分かりませんでした…。

必要条件、十分条件という訳語も分かりづらい原因かもしれませんね。ちなみに、英語では必要条件は"necessary condition"、十分条件

は"sufficient condition"と言います。

一般に**PならばQが真であるとき、PはQであるための十分条件、QはPであるための必要条件です。**

はあ…（やっぱりよく分からないわ）。

具体例で考えてみましょう。
「東京都在住ならば日本在住である」という命題は真ですね。

と言いながら、ホワイトボードに図を描くクリッド。

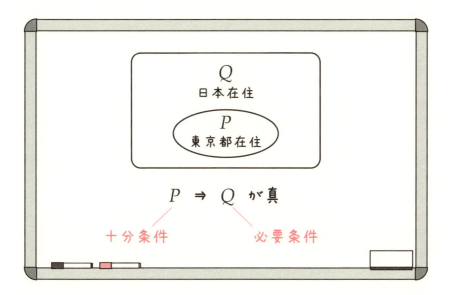

日本在住であることは東京都在住であるために少なくとも必要な条件であり、逆に東京都在住であることは日本在住であるためにお釣りがくるくらい十分な条件と考えれば、こういう名前がついている理由は分かるのではないでしょうか。

説明してもらえば分かる気もしますが、やっぱりすぐにゴチャゴチャになりそうです…。

いずれにしても必要条件、十分条件は数学のテクニカルワードですから、日常語とは別に定義をしっかりと理解しておく必要があります。

その定義が覚えづらいんですよね…。

真である命題に対して、**⇒の根本が「十分条件」、⇒の先が「必要条件」**と理解するのもいいでしょう。
また、この図のように片方が他方に完全に含まれるときの、**小さい方が十分条件、大きい方が必要条件**と考えるのもおすすめです。

小さい方ということは、より厳しい条件が十分条件ということですか?

そういう理解でもいいと思います。それから、特に **$P \Rightarrow Q$ と $Q \Rightarrow P$ が同時に真であるとき、P と Q は互いに必要十分条件である**と言います。また、二つの条件が互いに必要十分条件の関係にあるとき、**互いに同値**とも言います。

そもそも、なぜ必要条件とか十分条件とかを理解する必要があるのですか?

論理的に議論を積み重ねていくためには欠かせないからです。

どういうことですか?

例えば、優子さんが今夜サラダを作りたいと思っていて、トマトを切らしているとしましょう。そして、スーパーにトマトを買いに行くときのことを想像してみてください。

はい…（えっ、何の話が始まったのかしら？）。

まず、あなたはどこに行きますか？

もちろん、野菜コーナに行きます。

そうですね。トマトを買いたい人が野菜コーナをめざすのは、トマトであるためには野菜であることが少なくとも必要だからですね。次はどこをめざしますか？

スーパーの野菜売り場ってなんとなく色別に陳列されているので、赤っぽいコーナを探します。あ、これもトマトであるためには赤いことが必要だからですか？

その通りです。このように何かを選ぶときには、人は無意識のうちに必要条件を重ねることで範囲を絞っています。
そして最後にいくつかのトマトを見つけた後は、一つひとつを手に取って今夜のサラダにふさわしいかどうか、つまり十分かどうかを吟味するはずです。

確かに…。

必要条件によって範囲を絞った後で十分かどうかを吟味する、これこそが論理的かつ効率的に探しているもの、すなわち答えにたどり着く方法なのです。

無意識でしたが、言われてみるといつもそういう風に探しているかもしれませんね。

でも、数学の問題になると、とたんにこれができなくなる人が多いようです。はじめて行くスーパーで、自分を満足させてくれるトマトの

場所をピンポイントで探し当てるのは難しいでしょう。数学でも、ごく簡単な問題以外ではいきなり答えを見つけようとするのは無謀というものです。だからこそ、必要条件と十分条件をはっきりと区別して意識できるようにしておく必要があります。

必要条件と十分条件は、解を見つけるために使えるというわけですか…。

それだけではありません。
例えば、「野菜ならばトマトである」という命題は正しいですか？

正しくありません。キュウリやキャベツなど、野菜であってもトマトでないものがたくさんありますから、この命題は偽です。

そうですね。反例が一つでもある命題は偽ですから、「野菜ならばトマトである」はもちろん偽です。
では、「トマトならば野菜である」はどうでしょうか？

これは真ですよね。

このように、**一方の条件が他方の条件に含まれる場合、「大⇒小」は必ず偽ですが、「小⇒大」は必ず真です。**

えっと…？

図を描きましょう。

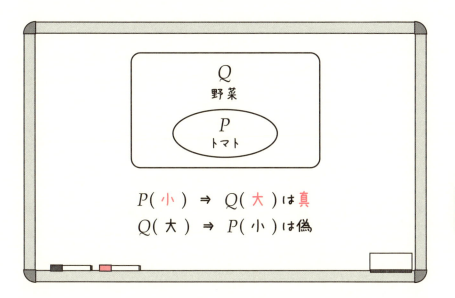

　一方が他方に含まれる場合、小さい方は十分条件、大きい方は必要条件でしたから、**十分条件⇒必要条件は真**ですが、**必要条件⇒十分条件は偽**であるという風に言うこともできます。
　このように、ある命題が真かどうかを判断するときにも、必要条件と十分条件の理解は活躍します。

　なるほど。

対偶

　次は、「天才でなければモーツァルトではない」という命題を考えてみましょう。これは正しいと思いますか？

　え？ 正しいような気はしますけど…。「小⇒大」は真であることを使って考えると…あれ？ よく分かりません…。

一般に否定表現が含まれる命題は考えづらくなります。
そんなときに活躍するのが対偶です。対偶は覚えていますか?

記憶のかなたで、かすかに聞いたことがある気はしますけど…。

ふつう必要条件・十分条件などと一緒に習うのですが、対偶という言葉は生活の中では使わないので、忘れてしまう人が多いみたいですね。これも書いて説明しましょう。

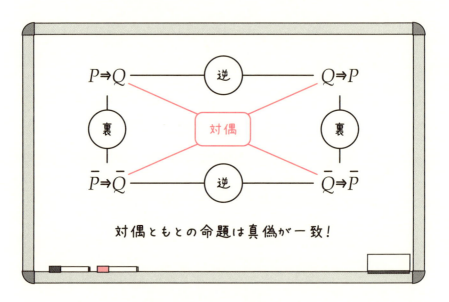

P や Q の上に横棒がついているのは「P バー」や「Q バー」と読み、それぞれの否定を表します。

「$P \Rightarrow Q$」という命題に対し、⇒の前後を入れ換えた命題を**逆**、それぞれを否定した命題を**裏**と言いますが、重要なのは⇒の前後を入れ換えた上でそれぞれを否定した命題「$\bar{Q} \Rightarrow \bar{P}$」です。これを**「対偶」**と言います。

なぜ、対偶が重要なのですか?

ここにも書いた通り、「対偶ともとの命題の真偽が一致するからです」。**もとの命題の真偽が考えづらいとき、その対偶を考えると真偽が分かりやすいことは少なくありません。**

でも、なぜ対偶ともとの命題の真偽は一致すると言えるのですか？

いい質問ですね。これは先ほどの「小⇒大は真」を使って説明できます。最初の例「東京都在住である⇒日本在住である」に戻って考えてみましょう。これは「小⇒大」になっているので、もちろん真です。では、この命題の対偶を作ってみてください。

⇒の前後を入れ替えると、「日本在住である⇒東京都在住である」ですね…。さらに、それぞれを否定するから「日本在住でない⇒東京都在住でない」ですか？

正解！ 理解が早いですね。次にこれを図に描いてみましょう。今度は日本在住の外に地球在住という領域も用意します。日本在住以外の領域を黒で、日本在住で東京都在住でない領域を赤で塗ってみます。

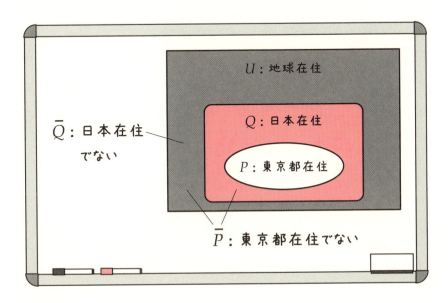

こうすると、$\overline{Q}$の「日本在住でない」は黒い部分で、$\overline{P}$の「東京都在住でない」は黒い部分と赤い部分を合わせた部分になります。
すると…。

あ！$\overline{Q}$の「日本在住でない」の方が$\overline{P}$の「東京都在住でない」よりも小さくなります！

そうでしょう。
「$P \Rightarrow Q$」が真のとき、すなわちPの方が「小」でQの方が「大」であるときは、必ず$\overline{Q}$の方が「小」で$\overline{P}$の方が「大」になるのです。

東京の方が日本よりも小さいのだから、東京以外の方が日本以外よりも大きくなるのは当たり前ですね。

そうなのです。もちろん最初の命題が偽であるとき、つまり$P \Rightarrow Q$においてPの方が大きくなっているときは、今の話はあべこべになりますから、対偶も偽になります。

なるほど！（あべこべって久しぶりに聞いたわ）

対偶ともとの命題の真偽が一致する理由が分かったところで、先ほどの「天才でなければモーツァルトではない」に戻りましょう。対偶を作ってみてください。

えっと…「モーツァルトであれば天才である」ですね。これはもちろん真です！

本来は「天才」の定義が曖昧なので、厳密に論理的とは言えませんが、対偶を使うと真偽が判定しやすくなる雰囲気はつかんでもらえるでしょう。
いずれにしても、必要条件・十分条件の理解は、答えを探す際にも、命題の正しさを確認する際にも必要になるので、数学の勉強を進める上では欠くことができません。もちろん、これらの理解なくしては論理力を身につけることもできません。

今日はまだ『原論』を開いていませんけど、このあたりのことはどの辺に書いてあるのですか？

はっきりとは書いてありません。

えっ、そうなんですか？

でも、この後で学ぶ命題に登場する**「背理法」**をきちんと理解するためには、対偶についても理解しておくことが望ましいので、今日は最初にこの話をしました。

やっと準備が終わったということですか…（今日も長くなりそうだわ）。

前回は命題5までを勉強しましたね。
今日は命題6を飛ばして命題7に入りましょう。

命題6は何の証明なんですか？

命題5は「二等辺三角形ならば底角が等しい」という命題の証明でしたが、命題6はその逆の「二つの底角が等しいならば二等辺三角形である」という命題の証明になっています。

背理法（I 巻 命題 7）

7

　一つの線分を底辺として、三角形をなす 2 線分にそれぞれ等しく、同じ側にことなった点で交わり、最初の 2 線分と同じ端をもつ他の 2 線分をつくることはできない。

　もし可能ならば、同一の線分 AB 上に点 Γ で交わる 2 線分 $A\Gamma$、ΓB が与えられ、それとそれぞれ等しく同じ側に異なった点 Δ で交わり同じ端をもつ他の 2 線分 $A\Delta$、ΔB がつくられ、ΓA は ΔA に等しく同じ端 A をもち、ΓB は ΔB に等しく同じ端 B をもつようにされ、$\Gamma\Delta$ が結ばれたとせよ。

　そうすれば $A\Gamma$ は $A\Delta$ に等しいから、角 $A\Gamma\Delta$ も角 $A\Delta\Gamma$ に等しい。それゆえ角 $A\Delta\Gamma$ は角 $\Delta\Gamma B$ より大きい。したがってなおさら角 $\Gamma\Delta B$ は角 $\Delta\Gamma B$ より大きい。また ΓB は ΔB に等しいから、角 $\Gamma\Delta B$ も角 $\Delta\Gamma B$ に等しい。ところがそれよりなおさら大きいことも証明された。これは不可能である。

　一つの線分を底辺として三角形をなす 2 線分にそれぞれ等しく、同じ側に異なった点で交わり、最初の 2 線分と同じ端をもつ他の 2 線分をつくることはできない。これが証明すべきことであった。

（中村幸四郎、寺阪英孝、伊東俊太郎、池田美恵訳『ユークリッド原論 追補版』共立出版、2011 年、7 頁）

命題 7 は結局、三角形の合同条件の一つである「三辺が等しい三角形は互いに合同である」ということを、次の命題 8 で示すための予備的な命題になっています。翻訳はまた後で書くことにして、まずは背理法についてしっかりと学んでいきましょう。

背理法って、なんだか難しそうですね。

背理法と聞いて、尻込みしてしまう人は多いですね。実際、数学史上でもフェルマーの定理を始め、多くの難解な命題の証明が背理法で行われてきたことを考えると、非常に高度な問題にも通用する証明方法ですが、そのロジック自体は決して難しいものではありません。

そうなんですか…？

そう言えば、私は昨日、お昼の12時頃にあなたのことを銀座で見かけましたよ。

えっ？ いや、私は昨日銀座なんて行っていませんけど…。

でも、確かにあなたでした。

だって昨日は平日で学校のある日ですから、私は昨日のお昼は学校にいました。銀座にいるなんてあり得ません。

ほら！ 今のが背理法です。

えっ、何のことですか？

あなたは今、「もし私が昨日のお昼に銀座にいたとすると、同じ時間に学校にいたことと矛盾する。だから、私は銀座にはいなかった」と論理展開しましたね？

まあ…（そんな大げさな話じゃないけど）。

背理法は、証明したい結論の否定を仮定して矛盾を導くことで証明とする方法のことですから、今のは立派な背理法です。

だとしたら、すごく当たり前のことですよね…？

そうなんです。背理法は、おそらく誰でも日常の中で使っているごくごく当たり前の論法なんですよ。

他にはどんな例があるんですか？

たくさんありますけど、**一般に不可能なこと、存在しないこと、無数に存在すること等を示す際には、背理法は有効なことが多いです。**
さっきの例の場合も、優子さんは「昨日のお昼に私が銀座にいることは不可能」という命題を示したわけです。

無数に存在すること、というのがちょっとピンとこないのですが…。

有名な例をあげましょう。素数は知っていますか？

えっと…他の数で割れない数でしたっけ？

正確には、**1と自分自身でしか割り切ることのできない2以上の自然数のこと**ですね。その素数が無数に存在することを、背理法で示したいと思います。

と言いながらクリッドはホワイトボードに証明を書いていく。

《素数が無数に存在することの証明》

素数が有限個であるとする。←証明したい結論の否定を仮定

今、素数の個数を n 個として、小さい方から順に

$$p_1, p_2, p_3, \cdots\cdots p_n$$

と名前をつける。このとき p_n は最大の素数である。
次にこれらの n 個の素数を使って

$$q = p_1 \times p_2 \times p_3 \times \cdots\cdots p_n + 1$$

という数を作る。
すると、q は $p_1, p_2, p_3, \cdots\cdots p_n$ のいずれの素数でも
割り切ることができない（1 余る）。
すなわち、q は1と自分自身でしか割り切ることのできない素数である。
また、上の式から

$$q > p_n$$

であることは明らか。
これは p_n が最大の素数であることと矛盾する。←矛盾を導いた
よって素数は無限に存在する。Q.E.D.

字が小さくなってごめんなさいね。

ちょっと待ってください…今、写しますから…。

いや、もう写真に撮ってもらっても構いませんよ。スマホは持っていますか？

あります！（ありがたいわ。パシャ♪）

内容は分かりますか？

言われてみると確かにそうだ、という感じはしますね。

実はこれは、ユークリッドが『原論』のIX巻の命題20で披露している証明方法と同じです。そのため、素数が無数にあることは**「ユーク**

リッドの素数定理」と呼ばれることもあります。

へえ〜、『原論』って図形のことだけじゃないんですね。

はい。『原論』に載っている図形以外の命題についても、いつかお話しする機会があるかもしれません（P200）。
　いずれにしても背理法はさっきの対偶と混同してしまう人が多いので、まとめておきましょう。

と言って、クリッドは書いたばかりの証明を消してしまった。

《対偶と背理法の違い》

P である（仮定）$\Rightarrow Q$ である（結論）の示し方

【対偶を用いた証明】
　　　「Q ではない $\Rightarrow P$ ではない」を示す。

【背理法を用いた証明】
　　　「P である」と「Q ではない」を仮定
　　　　　　　↓
　　　　　矛盾を導く

背理法ではもともとの仮定に加えて、**結論の否定も仮定する**ところがポイントです。

確かに混乱しそうでしたが、こう書いてもらえると分かりやすいですね。

では、「平行四辺形でない⇒正方形でない」という命題を、対偶を用いる方法と背理法を用いる方法でそれぞれ証明してみましょう。
優子さん、対偶を作ってみてください。

えっと…対偶は⇒の前後をひっくり返してそれぞれ否定するから…「正方形である⇒平行四辺形である」ですね。

正解。これは明らかに正しい命題ですね。対偶が真なので、もとの命題も真です。次に、背理法ではどうなりますか？

もともとの仮定に加えて結論の否定も仮定するから…「平行四辺形でない四角形が正方形であるとする」と仮定して矛盾を導けばいいんですか？

その通りです。しかし、こう仮定すると正方形は2組の対辺が互いに平行な平行四辺形であることと矛盾してしまいます。よって、「平行四辺形でない⇒正方形でない」と言えるわけです。これも念のためにホワイトボードに書いておきましょう。

例）「平行四辺形でない⇒正方形でない」を示す。

【対偶を用いた証明】
対偶は「正方形である⇒平行四辺形である」。
これは明らかに真。よって、もとの命題も真。

【背理法を用いた証明】
「平行四辺形でない四角形が正方形である」と仮定。
しかし、これは正方形の2組の対辺が平行であることと矛盾。
よって、「平行四辺形でない⇒正方形でない」は真。

ありがとうございます！

　では、『原論』の命題7に戻りましょう。
この命題は分かりづらいのですが、結局「線分 AB に対して同じ側に異なる2点 C, D を取ったとき、$CA = DA$ かつ $CB = DB$ にはなり得ない」ということを言っています。不可能であることを示す命題ですから、証明方法として背理法が適しています。

と言いながら、クリッドは今日はじめてホワイトボードを回転させた。そこには既に証明部分の「翻訳」が書いてあった。

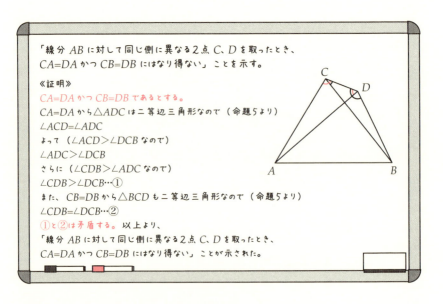

「線分 AB に対して同じ側に異なる2点 C, D を取ったとき、$CA=DA$ かつ $CB=DB$ にはなり得ない」ことを示す。

《証明》
$CA=DA$ かつ $CB=DB$ であるとする。
$CA=DA$ から △ADC は二等辺三角形なので（命題5より）
$\angle ACD = \angle ADC$
よって（$\angle ACD > \angle DCB$ なので）
$\angle ADC > \angle DCB$
さらに（$\angle CDB > \angle ADC$ なので）
$\angle CDB > \angle DCB$ …①
また、$CB=DB$ から △BCD も二等辺三角形なので（命題5より）
$\angle CDB = \angle DCB$ …②
①と②は矛盾する。以上より、
「線分 AB に対して同じ側に異なる2点 C, D を取ったとき、$CA=DA$ かつ $CB=DB$ にはなり得ない」ことが示された。

　①のあたりがよく分からないのですが…。

4行前から追いかけると、このあたりは
$$X = Y,\ X > Z\ (Xを消去して) \Rightarrow\ Y > Z$$
$$Y > Z,\ W > Y\ (Yを消去して) \Rightarrow\ W > Z$$
というロジックになっています。

ああ、そうなんですね。

これが典型的な背理法であることが分かるでしょうか？

はい！

よかった。では、このあたりで一度休憩しましょう。

三角形の内角の和は180°（I巻 命題32）

突然ですが、三角形の内角の和が180°であることはご存知ですよね。

はい。

では、そのことを証明できますか？

小学校のときに180°になると習っただけで、証明はやったことがないと思います…（多分）。

色々な方法がありますが、一番ポピュラーなのはこの方法でしょう。

△ABC の BC を C の方に延長して、点 D を取る。
C を通り AB に平行な直線 CE を引く。
同位角は等しいので
∠ABC=∠ECD…①
錯角も等しいので
∠CAB=∠ACE…②
①②より
∠ABC+∠CAB=∠ECD+∠ACE
よって、
∠ABC+∠CAB+∠BCA=∠ECD+∠ACE+∠BCA=180°
Q.E.D.

なるほど。この証明は分かります！

実は、これは『原論』の命題 32 の証明を解説したものです。

へぇ〜。命題 7 から、随分飛びましたね。

そうなんです。命題 8 〜 31 がすべてこの命題の証明に必要というわけではありませんが、命題 32 を証明するためにはこれまで学んだ命題に加えて、少なくとも 12 個の命題が必要なのです。

そんなにたくさんですか？？？

ちなみに、どんなものが必要だと思いますか？

平行線に対して、同位角や錯角が等しくなることですか？

確かにそれは必要ですね。他にはどうですか？

他に…ありますか…？

前回のレッスンで、ユークリッドは180°を角度として認めていなかったという話をしましたね。

そうでした！

ですから、直線の角度が180°であることも先に示しておく必要があるのです。

180°を角度として認めていないのに、どうやって直線の「角度」が180°になることを示すのですか？

鋭いですね。ユークリッドは180°とは言わずに、2直角、すなわち90°の2倍になる、という風に表現しています。

ああ、なるほど。

命題32の証明に必要な命題はまだあります。私たちは当たり前に感じてしまっているかもしれませんが、そもそも「C を通り AB に平行な直線 CE」を引けることが保証されていません。

えっ、それも証明が必要なのですか？
平行な直線の作図なら小学校のときに習いました。三角定規を二つ使って、片方を固定してもう片方をススーっとずらせば描けますよね？

確かに小学校ではそういう風に習うようですね。ただ、以前（P36）にもお話ししましたが、**直線以外の1点を通り、その直線と平行な直線が1本だけ存在すること**はユークリッド幾何学をユークリッド

幾何学足らしめているものですから、慎重に議論を進める必要があるのです。

はあ…。

与えられた直線に対して、直線上にない点を通り、この直線に平行な直線を作図することが確かに可能であることは、直前の命題31で示されます。

これから命題31までの流れをダイジェストで紹介していきますが、長くなるのでいくつかに分けましょう。まずは、垂線の作図法を示す命題11までの流れを見ていきます。

角の二等分線、中点、垂線の作図（I巻 命題9・10・11）

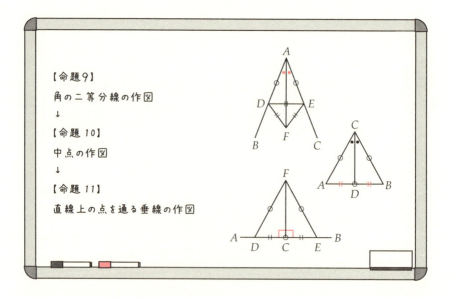

ここには書いていませんが、命題9の前の命題8では「**三辺の長さが等しい三角形は互いに合同**」であることが示されます。

命題 8 ってことは、さっきの命題 7 の直後ですね？

はい。命題 7 は「線分 AB に対して同じ側に異なる 2 点 C、D を取ったとき、$CA = DA$ かつ $CB = DB$ にはなり得ない」というものでしたね。これは、底辺が重なり他の二辺の長さも同じ三角形は 1 種類しかないことを意味します。

それなら、命題 8 の内容とほとんど同じではないですか？

確かにそうですが、ユークリッドはまず命題 7 で三辺の長さが同じでありながら互いに重ならない三角形は存在しないことを示しておいてから、あらためて命題 8 で三辺の長さが同じならば、角度も同じになることを示しています。

なるほど…（とにかく慎重な人だったのね…）。

続く命題 9 では、はじめに∠BAC が与えられています。ここでの課題は角の二等分線の作図です。
まず、AB 上の適当な点を D とします。次に A を中心、AD を半径とする円を描き AC との交点を E とすれば、$AD = AE$ となりますね。

あの…。そんな風にしても大丈夫なんですか？

何のことでしょうか？

いえ…、なんだか AE を作図する方法がこれまでより簡単に感じたので…。

そういうところが気になるようになったのは、大きな進歩ですよ！

（ほっ…）ありがとうございます。

この AE の作図方法は、**命題 3 の特別なケース**だと考えてください。命題 3 の話をしたときのノートはありますか？

あります…あ、これです！（P78）

命題 3 は 2 本の長さの違う線分が与えられたときに、長い方から小さい方と同じ長さの線分を切り取る作図法でしたね。

はい。

ただし、命題 3 では与えられた 2 本の線分は別々の場所にあったので、準備として命題 2 の要領で、長い方の線分の端点に短い線分と同じ長さの線分を作図する必要があったわけです。

ああ、そうか。
今回は 2 本の線分の端点が同じで、その必要がないんですね！

その通り。だから、いきなり A を中心とする AD に半径が等しい円を描いて AE を作ることが許されるのです。

分かりました！

命題 9 に戻りましょう。AE を作った後、次に DE を一辺とする正三角形 DFE を命題 1 の要領で作図します。そうして、A と F を結びます。

命題 1！ 今となっては懐かしい気がしますね（笑）。

ハハハ。とにかくこのようにすると、△ ADF と△ AEF は三辺がそれぞれ等しくなりますから、命題 8 より互いに合同です。

よって、∠DAF = ∠EAF ですから、直線 AF は最初に与えられた ∠BAC の二等分線になります。

なんか…この作図方法は昔習った気がします。

そうでしょう。角の二等分線の作図は日本では中学1年生のときに勉強するはずです。

（本当になんでこの人はこんなに日本のことに詳しいのかしら…）

次は命題 10 ですが、今度は線分 AB がはじめに与えられています。

これは…線分の中点の作図ですね。

そうです。まず、やはり命題1の要領で AB を一辺とする正三角形 ABC を作ります。その後、命題9の要領で∠ACB の二等分線を作図し、これと AB との交点を D とします。そうすると、△CAD と△CBD は…。

あ！「二辺とその間の角が等しい」から合同ですね！

その通り。ちなみに、この合同条件は何番の命題だったか覚えていますか？

ちょっと待ってください…前回ですよね…あっ、ありました。命題4（P81）です。

そうですね。合同な三角形の対応する辺は等しいので、DA = DB となります。つまり、D は与えられた直線を二等分する点です。

次の命題 11 の図は、命題 10 の図と似ている感じがしますが…。

実際、二等辺三角形の頂角を二等分する直線は底辺の垂直二等分線になりますから、命題10のCDと命題11のFCはどちらも底辺の垂直二等分線です。
でも、命題10では二等辺三角形の頂角を二等分する直線が底辺の中点を通ることを述べたに過ぎません。

問題10では「直角」という話題は出てこないわけですか…。

そういうことです。それに命題11は線分上の任意の点における垂線を作図する命題ですから、命題10とは目的も違います。

「垂線」という言葉もはじめて出てきました！

確かに命題の中では初登場ですが、冒頭の定義10（P55）に垂線についての記述がありますよ。読んでもらえますか？

はい。えっと…**「直線が直線の上に立てられて接角を互いに等しくするとき、等しい角の双方は直角であり、上に立つ直線はその下の直線に対して垂線とよばれる」**と書いてあります。
この「接角」って何ですか？

現代ではあまり使いませんね。でも、当時はきっと「垂線」とか「面」とか以上に、疑いようがないくらいに意味のはっきりした言葉だったのでしょう。だから定義が明示されていないのだと思います。
接角というのは、辞書的には「同一平面上にあって頂点と一辺を共有し、重なり合わない二つの角」のことですが、要は隣どうしに接している二つの角のことです。こんな風に…。

クリッドは優子のノートの余白にさっと図を描き込んだ。

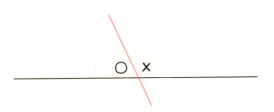

ああ、この○と×が互いに接角なんですね。

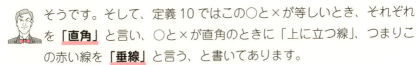そうです。そして、定義10ではこの○と×が等しいとき、それぞれを「**直角**」と言い、○と×が直角のときに「上に立つ線」、つまりこの赤い線を「**垂線**」と言う、と書いてあります。

まあ、そうですよね。

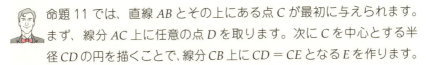命題11では、直線 AB とその上にある点 C が最初に与えられます。まず、線分 AC 上に任意の点 D を取ります。次に C を中心とする半径 CD の円を描くことで、線分 CB 上に $CD = CE$ となる E を作ります。

これも「命題3の特別なケース」ですね。

まさしく。そうしてまた命題1を使って、DE を一辺とする正三角形 DEF を作図します。

（また命題1だわ）

次に、FC を結びます。こうすると、△DCF と△ECF は三辺が等しくなるので合同ですね。つまり、∠DCF = ∠ECF です。ここで、隣どうしの角である∠DCF と∠ECF は互いに接角になっています。よって、定義10より∠DCF と∠ECF はそれぞれ直角です。優子さん、先ほど確認した定義10の前半にあった直角の定義をもう一度読んで

もらえますか？

はい。えっと…「直線が直線の上に立てられて接角を互いに等しくするとき、等しい角の双方は直角」とあります。

ありがとう。そうですね。まさに定義通りでしょう？

確かに…。

よって、CF は AB の垂線です。
続いて、三角形の外角は内対角のいずれよりも大きいことを示す命題16までの流れを書きますね。

直線の角度、対頂角、三角形の外角と内対角（I巻 命題13・15・16）

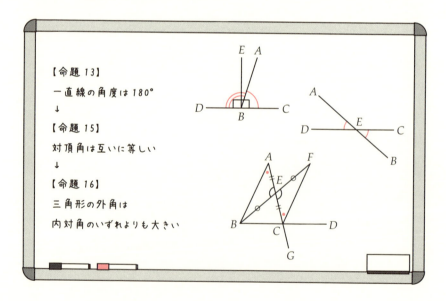

いよいよ、直線の角度が 180°になることを示す命題が登場します。

それが、この命題 13 ですね。

そうです。まず、直線 CD 上の点 B から上に任意の線分 BA を引きます。このとき、もし∠ABC = ∠ABD なら∠ABC と∠ABD は接角で互いに等しいので、それぞれ直角です。よって∠ABC + ∠ABD は 2 直角、すなわち 180°です。また、もし∠ABC ≠ ∠ABD なら、先ほどの命題 11 の要領で点 B を通る CD の垂線 BE を作図します。
そうすると…あの、ちょっとここに書いていいですか？

クリッドは優子のノートを指差した。

お願いします。

$$\angle EBC = \angle ABC + \angle ABE$$
$$\Rightarrow \angle EBC + \angle EBD = \angle ABC + \angle ABE + \angle EBD$$
$$\Rightarrow \angle EBC + \angle EBD = \angle ABC + \angle ABD$$

ここで BE は CD の垂線なので、∠EBC + ∠EBD は 2 直角です。よって、∠ABC + ∠ABD も 2 直角であることが分かります。

なるほど。これで、直線の角度は 180°であることが証明できたんですね！

命題 15 に移ります。ほとんど自明ですが、命題 13 によって∠AEC に∠AED を加えても、∠CEB を加えても 2 直角（180°）なので、∠AED = ∠CEB、すなわち対頂角が等しいことが分かります。

これは分かりやすいです♪

続く命題 16 は、錯角や同位角が等しければ平行であるという命題に直接繋がる重要なものですが、少々複雑ですよ。

はい…（ごくり…）。

まず △ABC について、BC を C の方に D まで延長することにします。次に、命題 10 の方法で AC の中点 E を作成します。さらに E を中心とする半径 EB の円と、BE の延長線との交点を F とします。そうすると、命題 15 より対頂角も等しいので、△EAB と △ECF は二辺とその間の角が等しくなることが分かりますか？

（ホワイトボードを見ながら）図を見ると、確かにそうなっていますね。

よって、再び命題 4 から △EAB と △ECF は合同であり、∠EAB ＝ ∠ECF です。一方、図より明らかに外角の ∠ACD は ∠ECF より大きいので、∠ACD は ∠EAB すなわち ∠CAB より大きいことが分かりますね。これで、△ABC の外角は内対角より大きいことが示せました。

あの…いまさらなんですが、「内対角」って何ですか？

そういうことは、どんどん聞いてもらっていいんですよ。
内対角というのは…こういうことです。

クリッドはまた優子のノートに書き込んでいく。

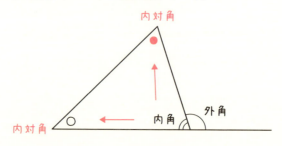

一つの外角に対して、内対角は二つあるということですか？

三角形の場合には、そういうことになります。

じゃあ、命題 16 は∠ACD が∠CAB よりも大きいことを示すだけじゃなくて、∠ACD は∠ABC より大きいことも示す必要があるんですね？

△ABC の外角∠ACD に対して、内対角は∠CAB と∠ABC の二つありますから確かにそうですが、∠ACD が∠ABC よりも大きいことは、AC の中点 E を作成する代わりに BC の中点を作成すれば、先ほどと同様に考えることで示せます。

同様に？ そうですか？

こういう図になります。

再び、優子のノートに書き込むクリッド。

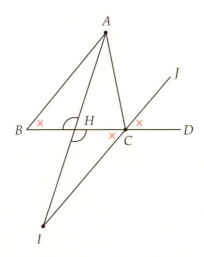

BCの中点をHとし、Hを中心とする半径HAの円とAHの延長線との交点をIとします。対頂角が等しいので、こうすると△ABHと△ICHは合同です。そうすると…。

あ、∠ABH＝∠ICHになります！

その通り。そして、対頂角なので∠ICH＝∠JCDであることもわかります。図より、∠ACD＞∠JCDであることは明らかなので、∠ACD＞∠JCD＝∠ABHです。

∠ABHは∠ABCと同じだから…結局∠ACDは∠ABCより大きいというわけですね！

はい。ただし、『原論』の原文では、∠ACDが∠ABCより大きいことを示すこの部分は省略されています。

へえ、そうなんですね。

今度は「錯角が等しい⇒平行」、「同位角が等しい⇒平行」、「同側内角の和が180°⇒平行」のそれぞれが成り立つことや、その逆が成立することなどを示していきましょう。

平行条件（I巻 命題27・28・29）

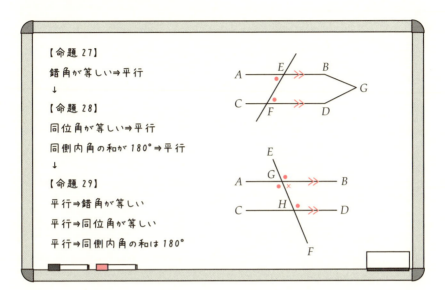

【命題27】
錯角が等しい⇒平行
↓
【命題28】
同位角が等しい⇒平行
同側内角の和が180°⇒平行
↓
【命題29】
平行⇒錯角が等しい
平行⇒同位角が等しい
平行⇒同側内角の和は180°

「錯角が等しい⇒2直線は平行」を示す命題27は背理法を使います。背理法については先ほどお話ししましたよね。

はい！ 証明したいことを否定して矛盾を導けばいいんですよね。

そうです。もともとの仮定に加えて、結論の否定も仮定して、矛盾を導くのがポイントでしたね。
　今、2直線 AB および CD に別の直線が E、F で交わっていて錯角が等しいとします。AB と CD が平行であることを示したいので、錯角が等しいというもともとの仮定に加えて、AB と CD が平行でないことも仮定して、矛盾を導きましょう。
　さっき優子さんも使っていたので、「錯角」は分かりますよね？

だいたい分かりますけど、確認させてください。

錯角は、2本の直線に別の直線が交わったとき、2直線の内側にできる四つの角のうち、互いに斜向かいの関係になっている角度のことです。

ハスムカイって何でしたっけ…ごめんなさい、書いてもらえますか？

はい。この図（下図）の▲どうし、×どうしがそれぞれ錯角です。

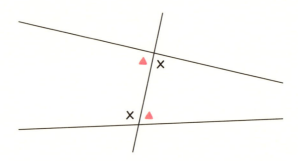

ということは（ホワイトボードの）図の●どうしも錯角ですね。

そうです。ところで、この命題からいよいよ「平行」が話題になるので、もう一度『原論』における平行線の定義を確認しておきましょう。定義の23を読んでもらえますか？

はい。えっと… **「平行線とは、同一の平面上にあって、両方向に限りなく延長しても、いずれの方向においても互いに交わらない直線である」** と書いてあります。

ありがとうございます。逆に言えば2直線が交わるならば、2直線は平行でないと言えるわけですね。
そこで、命題27では「ABとCDが平行でない」ことを仮定する代わりに、「ABとCDが交わる」ことを仮定します。

どうして矛盾が導けるのですか？

もし AB と CD が交わるなら、その交わる側で三角形ができます。このとき錯角の関係にある二つの角度は一つが外角で一つが内対角です。しかし、命題 16 で三角形の外角はその内対角より大きいことが示されているので、錯角が等しいというもともとの仮定に矛盾します。

置いてかれました…これも書いてもらっていいですか？

もちろん、書きましょう！

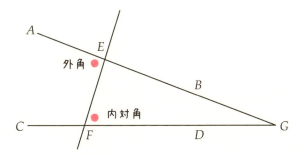

AB と CD が図の右側の点 G で交わるとします。このとき、△GEF について∠AEF は外角、∠EFG はその内対角になりますね。命題 16 で三角形の外角は内対角より大きいことが分かっているので、
∠AEF ＞∠EFG です。
一方、∠AEF と∠EFG は錯角の関係になっていて、錯角が等しいというもともとの仮定より∠AEF ＝∠EFG です。

確かに、これは矛盾します…。

そういうことです。よって、「錯角が等しい⇒平行」が示されました。

なるほど。

 「錯角が等しい⇒平行」が正しいと分かれば、命題 28 の前半「同位角が等しい⇒平行」は簡単に示すことができます。

 どうしてですか？

 「同位角が等しい⇒錯角が等しい」ことがすぐに分かるからです。これも書きましょうね。

 ありがとうございます！

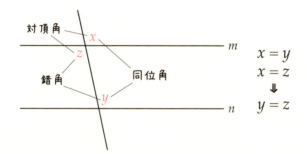

 この図で x とその同位角の y が等しいとすると、$x = y$、また x は対頂角の z とも等しいので $x = z$、よって $y = z$。ところで、y と z は錯角の関係になっているので、$y = z$ は錯角が等しいことを意味します。よって、命題 27 より直線 m と直線 n は平行であると言えます。対頂角が等しいことは命題 15 でしたね。

 そう…（ノートをめくる）でした！

 命題 28 の後半「同側内角の和が 180°⇒平行」も「同側内角の和が 180°⇒錯覚が等しい」が示せるので、正しいことが分かります。

聞きそびれてしまったんですけど、ドウソクナイカクって何ですか？

 それも含めて書きましょう。

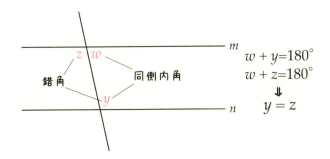

 同側内角というのは、文字通り同じ側の内角ということなので、この図の w と y のような関係にある角のことを言います。同側内角の和が $180°$ であれば、$w + y = 180°$ ですね。また、命題 13 より直線の角度は $180°$ なので、$w + z = 180°$ です。これらから $y = z$ であることが分かります。先ほどと同様に、錯角が等しいので直線 m と直線 n は平行です。

 結局、同位角が等しいことも、同側内角の和が $180°$ であることも、錯角が等しいのと同じ、ってことですか？

 その通りです。そして、次の命題 29 では命題 27 と命題 28 で示した命題は逆も成り立つことを示していきます。つまり、「平行⇒錯角が等しい」、「平行⇒同位角が等しい」、「平行⇒同側内角の和が $180°$」の三つを示していくわけですね。

 一挙に示すのですか？

はい。まず「平行⇒錯角が等しい」は、やはり背理法を使います。つまり（2 直線が）平行であるというもともとの仮定に加えて、錯角が

等しくないと仮定して矛盾を導きます。ただし、ここでは例の **5番目の公準**（P34）を使うのでおさらいしておきましょう。
優子さん、5番目の公準のこと覚えていますか？

確か…一つだけ複雑なやつですよね？

そうです。別名を「平行線公準」と言うのでしたね。
これも読んでもらえますか？

はい。「1直線が2直線に交わり、同じ側の内角の和を2直角より小さくするならば、この2直線は限りなく延長されると2直角より小さい角のある側において交わる」と書いてあります。

ありがとうございます。

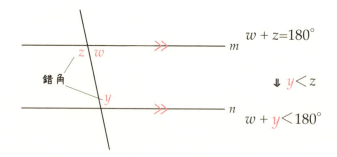

直線 m と直線 n が平行であるとき、錯角の y と z が等しくないとし、ここでは z の方が y より大きいとします。つまり $y<z$ です。一方、直線の角度は180°なので $w+z=180°$ です。これと $y<z$ から、$w+y<180°$。つまり、平行線公準の言うところの「同じ側の内角の和を2直角より小さくする」状態になります。
よって、2直線はこの図の右側で交わることになりますが、それは直線 m と直線 n が平行であるというもともとの仮定に矛盾します。これで、背理法により「平行⇒錯角が等しい」であることが分かります。

理解できました!

素晴らしい。$y < z$ のとき、$w + z = 180° \Rightarrow w + y < 180°$ となることがピンとこない人が時々いますが、優子さんは大丈夫のようですね。

(褒められた!) ところで、y と z が等しくないと仮定するところで、勝手に「z の方が y より大きい」としてしまってもよいのでしょうか?

大丈夫です。なぜなら、y の方が z よりも大きいときもまったく同じようにして、今度は先ほどの図の左側で直線 m と直線 n が交わってしまうことが示せるからです。

あ〜確かにそうですね。

「平行⇒錯角が等しい」が示せてしまえば、「錯角が等しい⇒同位角が等しい」と「錯角が等しい⇒同側内角の和が $180°$」が次のように示せるので、「平行⇒同位角が等しい」、「平行⇒同側内角の和が $180°$」も示せることになります。

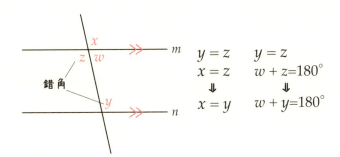

命題 28 と似ていますね!

はい。⇒の前後は逆になっていますが、ロジックはそっくりです。続いて、命題 31 の平行線の作図法に直接繋がる命題 23 とその準備

である命題 22 を紹介しましょう。

まだ、あるんですね…。

もう少しの辛抱です。今度は少し話題が変わりますよ。

与えられた角度と同じ大きさの角度を作図（Ⅰ巻 命題22・23）

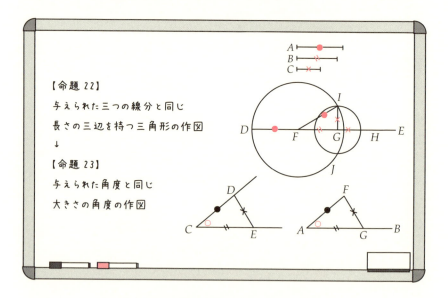

命題 22 は与えられた三つの線分と同じ長さの三辺を持つ三角形の作図です。

これは、どのような手順で描いているのですか？

まず D から長い直線 DE を引きます。次に命題 3（P76）の手順に従って、DE 上に A と同じ長さの線分 DF を描きます。同様の手順で FE 上に B と同じ長さの FG、GE 上に C と同じ長さの GH をそれぞれ

作図します。

命題 3 はよく登場しますね。

そうですね。それだけ与えられた線分と同じ長さの線分を作図する機会が多いということですね。
こうして DE 上に、与えられた三つの線分 A、B、C と同じ長さの線分を作っておいて、F を中心とする半径 FD の円と、G を中心とする半径 GH の円を描きます。この 2 円の交点の一つを I とすれば、△FGI の三辺の長さは三つの線分 A、B、C と同じ長さになります。

確かに！

さて、与えられた角度と同じ大きさの角度を、与えられた線分上の点に作図する命題 23 に移りましょう。最初に、線分 AB と∠DCE が与えられています。まず、∠DCE を一つの角度とする任意の△CED を作ります。この△CED の三辺と同じ長さの三辺を持つ△AGF を命題 22 の要領で描けば、△CED と△AGF は三辺の長さが等しいので命題 8 より互いに合同です。合同な三角形の対応する角度は等しいので、与えられた線分 AB 上の A に作った∠FAG は、与えられた∠DCE と等しくなります。

そう…ですね（なんとかついていけたわ）。

これで命題 31、すなわち与えられた点を通り、与えられた直線に平行な直線を作図するための準備が整いました。

ようやく…。

お待たせしました。さっそく書いていきますね。

平行線の作図（I巻 命題31）

【命題31】
点 A と直線 BC が与えられている。

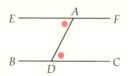

①BC 上の任意の点 D と A を結ぶ（公準1）
②直線 DA の A に∠ADC と等しい∠DAE を作る（命題23）
③EA を延長して EF とする（公準2）

⇩

錯角が等しいので、EF と BC は平行（命題27）

 えっ、たったこれだけですか？

 はい。でも、命題23の手順で行う②の作図には、命題3と命題22が必要ですし、こうして引いた直線 EF が BC と平行であることを保証してくれるのは、命題27で証明した「錯角が等しい⇒平行」です。しかも、命題27の証明には命題16が必要であり、命題16には命題10、15が使われます。さらに命題15には…。

 わ、分かりました！

 とにかく、この命題31はとても奥行きのある命題なのです。ここに至るまでの間に、たくさんの命題が必要であったことは忘れないでくださいね。

第5公準と「プレイフェアの言い換え」

 ところで、私は休憩後の最初に「直線以外の1点を通り、その直線と平行な直線が1本だけ存在することはユークリッド幾何学をユークリッド幾何学足らしめているもの」だから、慎重に議論を進める必要があるというお話をしましたね。

 あ、はい（忘れてたけど…）。

 そして、最初のレッスンのときには、これがプレイフェアという人の第5公準の言い換えであることもお話ししました。
ところで優子さん、肉じゃがを「肉とジャガイモと人参で作る料理」と言い換えることはできる思いますか？

 えっ、急に何ですか？（話が飛び過ぎでしょ！）
いえ…それはダメだと思います。

 なぜですか？

 お肉とジャガイモと人参で作る料理は、他にもあるからです。

 そうですね。「肉じゃが⇒肉とジャガイモと人参で作る」は真ですが、「肉とジャガイモと人参で作る⇒肉じゃが」は必ずしも正しくありません。よって、このように言い換えることはできませんね。では野球の試合において、勝利チームを「相手チームより多く得点したチーム」と言い換えることはできるでしょうか？

 それは…多分できると思います。

 そうですね。野球の試合においては、「勝利チーム⇒相手チームより多く得点したチーム」も「相手チームより多く得点したチーム⇒勝利

チーム」も真、すなわち同値なので、この言い換えは正しいですね。あ、「同値」は大丈夫ですか？

はい！「$P \Rightarrow Q$」も「$Q \Rightarrow P$」も成り立つ関係のことですよね！

素晴らしい。その通りです。
そこで、今日のレッスンの最後に第5公準とプレイフェアの言い換えが同値であることを示しておきたいと思います。
まずは「**第5公準⇒プレイフェアの言い換え**」を証明しておきましょう。でも、実はこれはほとんど終わっています。

えっ、そうでしたっけ？？

プレイフェアの言い換えは「直線以外の1点を通り、その直線と平行な直線が1本だけ存在する」というものですが、ある直線と平行な直線が作図できることは命題31で既に示してあります。作図ができるのですから、存在することは間違いありません。しかも、この命題31の証明には第5公準は必要ありませんでした。つまり…。

つまり…？？？

平行線が存在すること自体は、第5公準が成立しない場合でもあり得るので、示すべきは第5公準が成り立てば直線以外の1点を通り、その直線に平行な直線はたった1本しか存在しないという平行線の唯一性なのです。

（…何を言ってるのか、さっぱり分からないわ…）

涙目にならないでください。例えば…あなたが大好きな彼から缶コーヒーをもらったとします。

はい♪

 立ち直るのが早いですね(笑)。
あなたがもらった缶コーヒーはどこにでも存在するものですが、あなたとしては彼が色々な女の子に同じように缶コーヒーをあげているのか、それとも自分だけなのかは気になるところでしょう？

 それはもちろんですよ。

 つまり、彼が缶コーヒーをプレゼントしてくれたという前提によって証明したいのは、彼がくれた缶コーヒーが存在することではなく、その缶コーヒーが唯一のものであるということです。

 そうだったら嬉しいですね♪

 同じように、平行線公準が成り立つならば、与えられた点を通る平行線は1本しか存在しない、ということを示していきたいわけです。

 なるほど…分かるような気がしてきました。

 でも、そのことは命題29(P129)の「平行⇒錯角が等しい」を使えば比較的簡単に示せます。

 命題29…ああ、命題27や命題28の逆の命題ですね。

> ### 「第5公準 ⇒ プレイフェアの言い換え」の証明
>
> $BC/\!/EF$ かつ $BC/\!/E'F'$ とする。
> 2直線が平行ならば錯角が等しいので、
> $\angle EAD = \angle ADC$
> $\angle E'AD = \angle ADC$
> ゆえに、$\angle EAD = \angle E'AD$
> しかし、
> 図よりこれは明らかに矛盾。
> よって、Aを通る、BCに平行な直線は1本だけ存在する。
>
> Q.E.D.

どうですか。このロジックが分かりますか？

背理法ですね！

その通りです。
まず、命題31の方法でAを通るBCに平行な直線が2本引けたとして、それぞれをEFと$E'F'$とします。命題29より、2直線が平行ならば錯角が等しいので、$\angle EAD = \angle ADC$ と $\angle E'AD = \angle ADC$ が成立します。すなわち$\angle EAD = \angle E'AD$ですが、これはEFと$E'F'$が別々の直線である以上、明らかにおかしいですね。よって、Aを通るBCに平行な直線は1本しか引けないことが分かります。

これはちょっと気持ちいいですね♪
でも、これで「第5公準⇒プレイフェアの言い換え」を証明できたことになるんですか？

はい。この証明は直接的には「命題 29 ⇒ プレイフェアの言い換え」になっていますが、命題 29 の証明には第 5 公準を使いました。覚えていますか？

 そう言えば、使いましたね！

 つまり、「第 5 公準⇒命題 29 ⇒プレイフェアの言い換え」が証明できたことになります。

 途中に命題 29 が挟まっていてもいいんですか？

 例えば、「東京都在住⇒関東在住⇒日本在住」が真であることから、「東京都在住⇒日本在住」を真とするのは理にかなっているでしょう？

 確かに…。

 ですから、途中に命題 29 が挟まっても問題ないのです。

 分かりました！

 続いて、逆の命題**「プレイフェアの言い換え⇒第 5 公準」**も真であることを示していきましょう。

「プレイフェアの言い換え⇒第5公準」の証明

∠EAD=∠ADC…①
となるような A を通る直線 EF を取ると
錯角が等しいので
EF // BC
次に、やはり A を通る E'F' について
∠E'AD+∠ADB＜180°…②
とする。
①より、∠EAD+∠ADB=∠ADC+∠ADB=180°
これと②より、∠E'AD≠∠EAD。すなわち、EF と E'F' は別の直線である。
プレイフェアの言い換えより、A を通る BC と平行な直線は EF だけなので、
EF と異なる E'F' は BC と平行ではない。よって、E'F' は BC と交わる。
(つづく)

これは少し長くなるので、二つに分けましょう。ここまでは分かりますか？

ちょっと待ってください…。
えーと、まず「錯角が等しいので EF // BC」というのは使っても大丈夫なんですか？

これは命題 27 を使っているわけですが、命題 27 の証明には第 5 公準を使っていないので大丈夫です。でも、「平行⇒同側内角の和は 180°」は第 5 公準を使って証明した命題 29 の内容なので使うことができません。そこで最初に①を仮定し、直線の角度は 180°であることから「$\angle EAD + \angle ADB = 180°$」を導いています。

なるほど。そうすれば、②は「$\angle E'AD + \angle ADB < 180°$」だから「$\angle E'AD \neq \angle EAD$」というわけですね。

そうです。つまり、EF と E'F' は別の直線です。プレイフェアの言い換えを仮定すると、A を通る BC と平行な直線は 1 本しか存在しないので、EF が BC と平行なら E'F' と BC は平行ではなく交わることが分

かります。

なるほど…。ところで、$E'F'$がBCと交わることが分かれば、第5公準は示せたことになるんじゃないですか？

いえ。第5公準が成り立つことを示すためには、ただ交わることを示すだけでは不十分で、「2直角より小さい角のある側」、すなわちこの図の左側で交わることを示す必要があるのです。

と言いながら、クリッドはホワイトボードを回転させた。

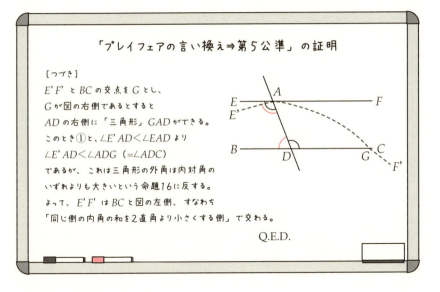

あの…$E'F'$が思いっきり曲がってますけど…。

背理法で実際にはあり得ないことを仮定しているので、少々奇妙な図になってしまうんです。

だから、GADはカギ括弧付きの「三角形」なのですね。

そういうことです。とにかく、図の右側に三角形ができあがると仮定すると、∠$E'AD$ はこの三角形の外角ということになり、

$$\angle E'AD < \angle ADG\ (=\angle ADC)$$

であることから、外角がその内対角の一つである∠ADG よりも小さいことになってしまいます。
しかし、命題 16 で三角形の外角はその内対角よりも大きいことが示されているので矛盾します。よって、$E'F'$ は BC と図の左側で交わると言えます。

なぜ、∠$E'AD$ が「三角形」GAD の外角なのですか？

この図では曲がって見えますが、$E'F'$ は直線だからです。

なるほど。

以上で第 5 公準とプレイフェアの言い換えは同値であることが示せました。ちなみに第 5 公準と同値である言い換えは、プレイフェアのものだけでなく、様々なものが見つかっています。例えば、
・三角形には外接円が存在する
・合同ではなくかつ相似な三角形が存在する
・長方形が存在する
などが有名です。

へえ…。

いずれにしても、『原論』の中で第 5 公準が使われるのは命題 29 が最初なので、少なくとも命題 1～28 は第 5 公準を認めても認めなくても成立する命題だと言えます。
一般に第 5 公準とは関係なく成立する幾何学のことを**絶対幾何学**と言

うので、ユークリッドの幾何学というのは言わば「絶対幾何学＋第5公準の幾何学」と言うことができるでしょう。

だいぶ頭がパンクしてきました…。

ハハハ。最後の話は蛇足ですから聞き流してください。長くなってしまいましたね。今日はこれで終わりにしましょう。お疲れ様でした。

ありがとうございました。

申し訳ないのですが、次のレッスンは年明けになってしまいます。本番うまくいくといいですね。頑張ってください。

はい！　頑張ります！！

優子、文化祭当日の指揮

いよいよ文化祭の当日である。

ここ数週間の優子はもうオーケストラのリハーサルに迷うことはなかった。練習中には意味が不明確な言葉の使用をできるだけ避けた。曖昧な言葉が必要な場合には、全員が共通の認識を持てるようにその都度きちんと定義するようにしていたし、カデンツを中心にしっかりとスコアを読み込んだという自負もある。実際、優子たちの演奏は春とは比べ物にならないほど上達していた。

あとは当日の演奏で、「最低10人の新入部員を集めること」と定義した「成功」をおさめられるかどうか…。

文化祭は10月最後の週末、2日間にわたって行われた。優子たちの室内楽研究会の演奏会は講堂で行われ、土曜日は11時開始、日曜日は15時開始だった。

初日の土曜日、いつものように部員たちが思い思いに組んだ室内楽グルー

プの演奏が続く。午前中ということもあり、お客さんの入りはお世辞にもいいとは言えなかった。800人が入る講堂に対して多く見積もっても4割、いや3割程度だろう。そもそもクラシックの、それも室内楽の演奏会というのは玄人好みはするものの、高校の文化祭で広く人気を集めるような企画ではない。お客さんの入りがこの程度なのはいつものことだ。どの演奏に対しても部員の保護者や友人たちからのあたたかい拍手が起きるのも例年通り。

　ただ、今年は最後にほぼ部員総出のオーケストラによる演奏がある。残り1演目となったとき、パイプ椅子が舞台の上に所狭しと並べられた。客席が少しざわついている。

　オーケストラのメンバーが入場し、コンサートマスターがチューニングを済ませた後、優子がステージに出る。お客さんの前ではじめて乗る指揮台は少し遠く感じた。慣れない手つきでオーケストラを立たせ、自分も客席の方を向いて頭を下げる。優子が指揮台に上ると拍手は自然とおさまった。目をつぶり、ふぅと息を吐いてから優子は構えた。全員の顔を見る。次の瞬間、優子はタクトを振り下ろした…。

　演奏は上々だった。最初こそ少し硬さがあったかもしれないが、華麗なハープ独奏の後、有名な「花のワルツ」の旋律が始まる頃には優子もオケも音楽に乗ることができた。実際、演奏後はこの日一番の拍手をもらった。

　演奏の後、部員たちは入部勧誘のチラシを持って楽屋口から外に出る。チラシを受け取ってくれた人の中に、少し上気した顔で向こうから「入部したいですっ！」と言ってきてくれた高校1年生の2人組がいた。彼女たちはきっと入部してくれるだろう。

　その日の夜、優子はあまり眠れなかった。はじめて人前で指揮ができたことに興奮していたというだけでなく、やはり心配だった。あと8人の入部が決まらなければ、演奏会は「成功」とは言えないのだ。果たして明日の演奏で集めることができるだろうか…。

　日曜日。集合時間は開演の1時間前だが、明け方になってようやく眠れた優子は少し遅刻してしまった。正門から行くと遠回りなので、裏門から入って楽屋口へと急ぐ。

　優子の姿を見つけた後輩が向こうから駆けてきた。

優子さん、大変ですよ！！

 どうしたの？ 楽器に何か問題でもあった？

 違います。お客さんが…。

 お客さんがどうしたの？

 すごいんです。その…いっぱいで。

 えっ！？

　舞台袖から覗くと、まだ開演まで30分以上あるというのに、客席は半分以上埋まっていた。しかも、続々と入ってくる。後で分かったことだが、どうやら昨日の演奏会に来た何人かの生徒がLINEやTwitterで「今年の室内楽研究会は凄い！」と書いてくれたらしい。それが一晩のうちに拡散して、在校生や来春受験する予定の中学生たちが大勢詰めかけてくれたのだった。
　最後の演目の頃には満席で、立ち見客も出るほどの盛況ぶり。こんなことは前代未聞である。優子は夢中でタクトを振り、オーケストラも熱の入った演奏で優子の棒に応えた。最後の和音が鳴り響くと、間髪入れず大きな拍手と歓声が沸き起こる。優子は感極まり熱いものが込み上げるのを必死でこらえた。オーケストラのメンバーもみな充実感に溢れたいい表情をしている。まるで夢の中にいるようだった…。
　終演後、チラシを持って外に出ると、楽屋口には昨日とは比較にならないほどの大勢の人が待ってくれていた。早速「わたしたちと一緒に演奏しませんか？」と声をかけながらチラシを配る。何人もの人が「入りたいです！」「来年、受かったら入部します！」と声をかけてくれた。これなら「10人入部」

のノルマはほぼ間違いなく達成できるだろう。

そんな中、ある中学3年生の生徒が声をかけてくれた。

あの…私、一応小さい頃からヴァイオリンを習っているんですけど、なかなか上達しないんです。どうしたらうまくなりますか？

ヴァイオリンを弾くのは好き？

はい。好きは好きなんですけど…。

それなら大丈夫。楽器がうまくなるためには、まず好きであることが必要だから。

好きなら必ず上達しますか？

優子はここで、この中学生が必要条件と十分条件を取り違えていることに気がついた。楽器が上達するためには、好きであることは必要条件ではあるが、十分条件というわけではない。

いえ、ただ好きなだけでは上達するとは限らないわ。やっぱりそれ相応の努力をしなくちゃね。

私なりには頑張っているつもりなんですけど…。

少し厳しい言い方をしちゃうけど、成果が出ないなら正しい努力ではないのかもしれないわね。

はあ…。

不安そうな中学生の顔を見て、しまった、と優子は思った。分かりづらい言い方をしてしまった。「成果が出ない⇒正しい努力ではない」というのは、否定が多く分かりづらい物言いだ。こういうときは…そう、対偶を使って言い直そう。

正しい方法で努力すれば、成果は必ず出るはずよ。もし、あなたがうちの部に入ってくれたら、上手な先輩がたくさんいるからどういう風に練習すればいいかも教えてあげられると思うわ。

そうですか！ それなら入ってみたいです。ただ……。

どうしたの？

ここの部活って、怖い先輩、いますか？

どうしてそんなこと聞くの？

友達のお姉ちゃんが高校の部活に入ったとたん、怖い先輩から睨まれて、学校行けなくなっちゃったって…。

　中学生の子の心配は優子もよく理解できた。ここは、「怖い先輩」がいないということを証明してあげないといけない。背理法を使ってみよう。

今日の演奏は聞いてくれたでしょう？ どうだった？

とっても感動しました！ 指揮者に合わせて、どの楽器の音もよくまとまっていましたし、終わった後の皆さんの嬉しそうな笑顔が印象的でした。

第3章　深い証明

ありがとう。仮にウチの部に怖い先輩がいるとしましょう。そういう先輩がいて後輩が萎縮していたら、あんな風に演奏したり、心から演奏を楽しんだりはできないはずよね？

 確かにそうかもしれません…。

 でしょ？だから、大丈夫よ。怖い先輩なんていないわよ。

 それを聞いて安心しました！来年の春には必ず入ります！

 待ってるわ。あ、でもその前にまずは受験勉強を頑張ってね！

 はい！

　笑顔で帰っていく中学生を見送りながら、優子は必要条件、十分条件、対偶、背理法といった論理の理解が、人を説得するためにはとても有効だということを改めて感じるのだった。

第4章

感性を磨く「論理力」

ウィーン・フィルハーモニー管弦楽団のニューイヤーコンサートを誰が指揮するかは、毎年クラシックファンの注目を集める。世界中に中継されるこのコンサートの指揮を任されることは、世界一のオーケストラから当代一であるとのお墨つきをもらうことを意味するので、現役の指揮者にとって最大の栄誉と言っても過言ではない。

　今年はその大役に弱冠36歳の、これまでで最年少の指揮者が選ばれた。ここ数年の活躍ぶりを考えれば納得の人選ではあったものの、「若造に務まるのか？」という意地の悪い見方もある中、演奏は実に見事だった。伝統と重圧に負けることなく指揮台の上でエネルギーを爆発させ、自由にそして華麗に音楽を操る彼の勇姿は、放送から1週間が経った今も優子の脳裏にはっきりと焼きついている。

　今年のニューイヤーコンサートが優子に強烈な印象を残したのには、別の理由もあった。秋の文化祭が成功し指揮の魅力にますます惹かれた優子は、音楽大学に進学してプロの指揮者になるという決心を固めていたのだ。今までは遠い憧れに過ぎなかったテレビの中の指揮台を、「いつか私も」という思いで観たのははじめてだった。

　そして、今日はクリッドの4回目のレッスン。優子は文化祭の報告とともに、プロの指揮者になりたいという決心も話すつもりで、クリッド宅までの道を急いでいた。

数学における四つの美

　先生、明けましておめでとうございます。

　おめでとうございます。優子さん、文化祭はいかがでしたか？

　はい！　おかげさまでとってもうまくいって、新しい部員も10人以上増えました！

それはよかったですね。

 それから先生…。

 何でしょう？

 私、やっぱりプロの指揮者になりたいです！

 そう言い出すだろうとは思っていました。
ただし、甘い世界ではありませんよ。

 分かっています。でも、どうしてもやりたいんです。
浪人は覚悟しています。それでしっかり準備して、音楽大学の指揮科に入ることを当面の目標にします。

 そのためには、聴音などのソルフェージュやスコアリーディング等の訓練も必要ですね。誰か先生のあてはありますか？

 はい。私のピアノ先生にご紹介をお願いしてあります。

 本気なんですね。
それなら、私が止めても聞いてもらえないでしょうね。

 …先生は反対なのですか？

 プロの音楽家、しかも指揮者になることの難しさは嫌と言うほど知っていますから、正直お勧めはしません。
でも、どうしてもという覚悟があるのなら全力でおやりなさい。

※初見の楽譜を正確に演奏したり、ピアノ等で弾かれた音を楽譜に書き取ったりする能力のこと。

はい！ ありがとうございます！ 頑張ります！！

 ところで…優子さん、"beauty" というのはどういうことだと思いますか？

 （相変わらず話が飛ぶわ！）えっと…それは「美しい」の定義を述べよ、という意味ですか？

 「美しい」は形容詞ですから、英語で言うと"beautiful"です。"beauty"は名詞ですから、日本語で言えば「美」ということになるでしょうか。そこに広辞苑がありますから、まずは「美」の辞書的な意味を調べてみてもらえますか。

と言って、クリッドは壁一面の本棚の一番右端を指差した。
優子は立ち上がり、本棚から広辞苑を抜き出す。

 えっと…三つ書いてあります。

1) 美しいこと。美しさ。
2) よいこと。りっぱなこと。
3) 知覚・感覚・情感を刺激して内的快感をひきおこすもの。

 ありがとうございます。最初の二つは当たり前と言えば当たり前なので、今日は3番目の「内的快感をひきおこすもの」をもう少し掘り下げてみましょう。

 先生、そもそも「美」というのは定義できるものなんでしょうか？ 人によって美しいと感じるものは違うでしょうから、「美」の定義を客観的に言うことは難しいと思うのですが…。

 非常によい質問です。そう言えば、日本の評論家・小林秀雄氏は**「美しい花がある。花の美しさという様なものは無い」**という有名な言葉

を遺しています。

ああ、その言葉は聞いたことがあります。どういう意味かはよく分かりませんけど…。

「美しい花」とか「美しい音楽」とか言う場合、実際に存在するのは花や音楽であって、「美しさ」そのものではない、という意味でしょう。言い換えれば、「美しい」という形容詞がつくものは色々思い浮かべることができても、名詞としての「美」を他の物質の助けを借りずにイメージすることはできない、という意味だと思います。

はあ…まあ、言われてみればそうですね。

これもよく言われることですが、例えば砂漠に沈む夕陽を見る場合、ツアーで訪れた観光客にとっては絶景の美しい夕陽に感じられるでしょう。でも、遭難して食料や水も尽きたさすらいの旅人からすれば、残酷な景色に過ぎません。

確かに…。

それだけ「美」というのは受け取る側次第のところがあって、多分に相対的だというわけですね。

じゃあ、やっぱり「美」を定義することはできないのでは？

いえ、私はそうは思いません。少なくとも数学には絶対的な美というものがあると思います。20世紀に活躍したハンガリーの数学者ポール・エルデシュも、**「数は何故美しいのか。それはベートーヴェンの交響曲第九番がなぜ美しいのかと訊ねるようなものだ。君がその答を知らないのであれば、他の誰も答えることはできない。私は数が美しいということを知っている。もし数が美しくないのなら、美しいものなど何も無い」**と言っています。

それは、また随分自信満々な発言ですね…。

エルデシュはあのレオンハルト・オイラーに次いで、生涯に多くの論文を発表したことでも知られている数学者で、いつ寝ているのか分からないほど、とにかく研究に没頭していたそうです。一説には1日に19時間も数学の問題を考えていたとも言われています。

19時間！ それは凄いですね…。

それだけ数学の魅力に取りつかれていたのでしょう。
というわけで、ここからは"mathematical beauty"、すなわち「数学的な美」についてお話ししていきたいと思います。

（あれ、今日は『原論』はやらないのかしら？）はい！

一口に数学的な美と言っても、いくつかのタイプに分けられます。ボードに書きますね。

【数学における4つの美】

① 対称性

② 合理性

③ 意外性

④ 簡潔さ

あまりピンと来ません…。

一つひとつ解説していきましょう。
まず、①の**対称性**ですが、これは分かりやすいんじゃないかと思います。もし東京タワーや富士山が左右非対称だったとしたら、こんなに多くの人の心を魅了することはきっとなかったでしょう。もちろん中にはあえて非対称にすることで、芸術的な美を狙うケースもあるとは思いますが、シンメトリーになっていること、すなわち対称性を持っていることは美しさの基本です。
その点、正三角形や正方形は対称性があるので、とても美しい図形であると言うことができます。

美しいと言うより、整っているという感じですが…。

それは、算数や数学の問題の中で見慣れているからかもしれません。でも、フリーハンドで正三角形や正方形が上手に描けたときは、「綺麗に描けた！」と思うでしょう？

ああ、確かに。

それと、数学における対称性は数式にもあります。例えば…ここに書いてもいいですか？

と言いながらクリッドは優子のノートを指差した。

はい。お願いします。

$$x^2 + xy + y^2$$

$$x^2 + 2xy + 3y^2$$

この二つの数式は、どちらの方が「美しい」と思いますか？

どちらかと言われれば…上の式の方が美しい感じはします。

ですよね。数学では、上の式のように文字を入れ換えても同じ式になる多項式のことを**対称式**と言って、特別な式であるとされています。詳しい話は省きますが、与えられた数式が対称式であることに気づけば、対称式が持つ特性を用いることで解決する数学の問題は少なくありません。

へえ。そうなんですね。

②の**合理性**は、まさに古代ギリシャで『原論』によって体系立てられた論証数学の根幹です。先ほど「美」とは「知覚・感覚・情感を刺激して内的快感をひきおこすもの」であるという記述がありましたが、古代ギリシャで生まれた論証数学が現代まで綿々と受け継がれ発展してきたのは、何よりその合理性に「内的快感」を覚える人間が圧倒的に多かった証拠でしょう。

それはそうですね。

特に西欧の文化はそういう合理性を尊ぶ土壌の中で生まれてきたので、その「美しさ」の背景には合理性があります。もちろん、クラシック音楽もその例に漏れません。

音楽がカデンツという裏づけの上に感動を築いていこうとするのも、合理性をよしとするからなんですね！

ここまでは分かります。でも、次の③**意外性**は、これが「美」であるというのがそれこそ意外なんですけど…。

例えば…優子さん「1 + 3 + 5」はいくつですか？

えっと、9 です。

「1 + 3 + 5 + 7」は？

16 ですね。

では、「1 + 3 + 5 + 7 + 9」は？

25 です…（何が言いたいのかしら？）。

今の三つの計算結果、9、16、25 には共通する性質があるのですが分かりますか？

9、16、25…あっ、すべて整数を 2 乗した数になっています。

そうですね。いわゆる平方数になっています。これは偶然ではありません。n 個の奇数を順に足していくと結果が n^2 になることは、高校で学ぶ等差数列の和の公式を使えばすぐに確かめることができます。

へえ〜。「等差数列の和の公式」は習った記憶がありますが、知りませんでした。

ちょっと意外な感じがするでしょう？
そして、その意外性の中に「美しさ」を感じませんか？

美しいという感情かどうかは微妙ですが、意外なものを見つけた喜びのようなものはあります。

ですよね。数学に取り組んでいると、このような想像していなかった意外な結果にたどり着くことがとても頻繁に起こります。集合論の父であるカントールは自らが発見した結果に大変驚き、友人に「我見るも、我信ぜず」と書き送っています。
意外性を発見することが「内的快感」をひきおこし、そこに「美」を感じる人がいても不思議ではありません。

確かに。

また話は変わりますが、優子さんは**オイラーの公式**を知っていますか?

いえ、知りません…。

オイラーの公式は、しばしば**「世界で最も美しい数式」**と呼ばれます。「人類の至宝」とさえ言う人もいます。

へえ〜。どんな公式なのですか?

こういうものです。

と言って、クリッドはまた優子のノートに書き込んでいく。

$$e^{ix} = \cos x + i\sin x$$

これ…そんなに美しいですかね…?

はい。この公式は、指数関数と三角関数が、複素数の範囲では密接に関係していることを示しています。

えっと…よく分からないのですが…。

オイラーの公式は理系の大学に進学してから学ぶものなので、聞き流してください。とにかく、この公式は起源のまったく異なるものどうしが結びついていて、意外な感じがするわけです。

意外性があって美しい、というわけですか。

それだけではありません。この公式の x に円周率の π を代入して整理すると、こんな数式になります。

$$e^{i\pi} + 1 = 0$$

これは随分とシンプルになりましたね。

そうでしょう。しかも、このシンプルな数式の中には**自然対数の底 e** と**虚数単位 i** と**円周率 π** と **1（乗法の単位元）**と **0（加法の単位元）**、という数学全体を司る重要な数どうしの相関が表されています。

「シゼンタイスウノテイ」って何ですか…？

これも日本では理系に進んだ高校3年生が習う数Ⅲの内容なので詳しく理解する必要はありませんが、自然対数の底 e は、

$$e = 2.71828182……$$

と、小数点以下に不規則な数字が無限に続く定数のことです。

なんだか円周率みたいですね。

そうなんです。そして、これも意外なことの一つですが、この e を底にもつ対数を微分すると最も単純な分数関数である $1/x$ になります。このような対数を**自然対数**と呼ぶことから、e は自然対数の底と呼ばれています。

そうですか…（全っ然、分からないけど…）。

ここも聞き流してもらって構いません。ただ、自然科学を勉強していると、ありとあらゆるところにこの e が登場します。それなのに、e は小数点以下に不規則な数が永遠に続くいわゆる無理数なので、その値を正確に捉えることは困難です。そのため、この e と円周率 π は「神が人類に与え給うた二大定数」だと言われることもあります。

（またまた大げさな…）

オイラーの公式のように、非常に簡潔な結論の中に豊かな真実が見えるとき、数学者は興奮を覚えます。まさに「内的快感」が高まるわけです。

だから、「数学における美」に④**簡潔さ**が含まれているのですね。

そういうことです。数学者も含めて多くの科学者は、世の中は至ってシンプルなはずだと信じています。
逆に言えば、簡潔さに美を見出す人間が科学者を志すのだとも言えます。この世が複雑に思えるのは、人間が愚かなせいで宇宙を司る自然法則をまだ発見していないからだと考えるのが科学者なのです。

なぜ、そんな風に考えるのですか？

これまで発見されてきた、多くの自然法則が大変簡潔だからでしょう。それに、「この世はきっともっとシンプルな美しさに溢れている」と

信じる心がなければ、辛い研究を乗り越えることができないのだと思いますよ。

そこはロマンチックなんですね。

科学者はたいてい、かなりのロマンチストです。そう言えば、あなたが文化祭で演奏した「花のワルツ」の作曲家チャイコフスキーがこんな言葉を遺しています。
「もしも数学が美しくなかったら、おそらく数学そのものが生まれてこなかっただろう。人類の最大の天才たちをこの難解な学問に惹きつけるのに、美のほかにどんな力があり得ようか」

へぇ～、知りませんでした！（今日は名言がたくさん出てくるわね）チャイコフスキーって、数学が得意だったんですか？

それは分かりませんが、音楽家の中でも、特に作曲家には数学的能力に長けている人が多くいます。

なぜですか？

先ほども言いましたように、西欧の文化は往々にして合理性に裏打ちされた美を求めるので、作曲家は合理性を理解し、それを高いレベルで美的感覚と結びつけつつ曲を作る必要があるからです。

なるほど…。

だからこそ演奏する側も曲の中にある合理性を見つけ、再現する力、すなわち数学力が必要なわけですが…。
ところで、優子さんは最も美しい図形は何だと思いますか？

えっ、最も美しい図形ですか？
それはやっぱり対称性がある正多角形とかですか？

第4章　感性を磨く「論理力」

正多角形は確かに美しい図形ですが、これまでお話しした「数学における四つの美」を考えると、やはり円でしょう。実際、古代ギリシャでは**最も美しい図形は円である**とされていました。

円に対称性があるのは分かりますが、合理性とか意外性とか簡潔さもあるのですか？

この後、お話ししますが、その前に…ここで少し休憩しましょうね。

円周角の定理とその応用（第Ⅲ巻 命題20・21・22）

『原論』では円に関する定理は第Ⅲ巻にまとめられています。今日は第Ⅲ巻を中心に見ていきましょう。
優子さんは円に関する定理で何か知っているものはありますか？

円周角の定理なら知っています。

『原論』では、Ⅲ巻の命題20が円周角の定理です。内容は分かりますか？

円周角はどこでも等しい、というものですよね？

正確には、**「中心角は同じ弧に対する円周角の2倍である」**というのが円周角の定理です。同じ弧に対する異なる円周角が互いに等しくなることは、この定理から即座に導かれますが、それは続く（Ⅲ巻の）命題21で示されています。

そうでしたか…。

円周角と中心角は大丈夫ですか？

「大丈夫です」と優子が答える前に、クリッドは優子のノートに書き込んでいた。

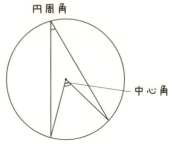

 命題 20 の証明に入る前に、前回紹介した I 巻の命題 32（P116）を復習しましょう。どのような命題だったか覚えていますか？

 確か…三角形の内角の和が 180°であるという定理でした。

 そうでしたね。そのとき、結論の 1 行前で三角形の外角は二つの内対角の和に等しいことを示しました。

 えっと…？

 前回のノートを見てもらえますか？

 はい…あ、この「∠ABC ＋∠CAB ＝∠ECD ＋∠ACE」の行のことですね。

 そうです。あらためて図に描くと、こうなります。

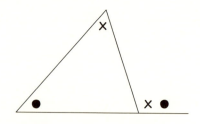

 では、命題 20 の証明を…。

 あの…。

 はい、何でしょう？

 Ⅲ巻の命題 20 より前にはどんな命題があるんですか？

 よい質問ですね。すべて円に関する命題です。例えば、与えられた円の中心を作図によって求める方法（命題 1）や、二つの円の共有点は最大 2 個であること（命題 10）、円において最も長い弦は直径であること（命題 15）、円の中心は接点において接線と垂直な直線上にあること（命題 19）などがあります。

 へえ〜。

 では、命題 20 の証明に入りましょう。円周角の位置によって場合分けが必要なので、前半と後半に分けますね。

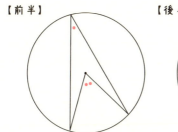
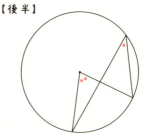

【Ⅲ巻命題20-前半】

E を中心とする円の弧 BC に対して
$\angle BEC$ を中心角、$\angle BAC$ を円周角とする。
AE を延長した直線と円との交点を F とする。
そうすると、$EA=EB$ だから $\angle EAB=\angle EBA$
ゆえに、
$\angle EAB+\angle EBA=2\times\angle EAB\cdots$ ①
ここで、
$\angle EAB+\angle EBA=\angle BEF\cdots$ ②
①②より $\angle BEF=2\times\angle EAB\cdots$ ③
同様にして、$\angle FEC=2\times\angle EAC\cdots$ ④
③④より
$\angle BEC=\angle BEF+\angle FEC=2\times\angle EAB+2\times\angle EAC$
$=2\times(\angle EAB+\angle EAC)=2\times\angle BAC$

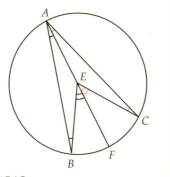

「$EA=EB$ だから $\angle EAB=\angle EBA$」のくだりは、二等辺三角形の底角は等しいというⅠ巻の命題5（P87）を使っています。

②の「$\angle EAB+\angle EBA=\angle BEF$」は、さっきの「外角は二つの内対角の和に等しい」を使ったんですね。

その通り。それから、③と④から最後の行を導く際には

$x=2a$、$y=2b \Rightarrow x+y=2a+2b=2(a+b)$

というロジックを使っています。続いて後半です。

【Ⅲ巻命題 20 – 後半】

また、∠BDC を別の円周角とし、
DE を延長した直線と円との交点を G とする。
前半と同様にして、
∠GEC=2×∠EDC…⑤
ここで（前半の結果より）
∠GEB=2×∠EDB…⑥
⑤⑥より、
∠BEC=∠GEC−∠GEB=2×∠EDC−2×∠EDB
　　　　　　　=2×（∠EDC−∠EDB）=2×∠BDC
以上より前半、後半いずれの場合も
中心角は円周角の2倍である。
　　　　　　　　　　　　Q.E.D.

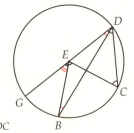

 後半は短いですね。

 前半の①と②に相当する部分（二等辺三角形や外角の性質を使う部分）は、同様なので省いています。ちなみに、⑤と⑥から最後の行を導くのに使っているのは、

$$x = 2a、y = 2b \Rightarrow x - y = 2a - 2b = 2(a - b)$$

というロジックです。

先ほども言った通り、この命題 20 から **「同じ弧に対する円周角どうしは等しい（命題 21）」** ことが分かり、命題 21 からは **「円に内接する四角形の対角の和は 180°（命題 22）」** であることが導かれます。
これらはほぼ自明なので簡単な証明を紹介しておきますね。

【命題 21 同じ弧に対する円周角どうしは等しい】
命題 20 より
∠BEC=2×∠BAC
∠BEC=2×∠BDC
よって、∠BAC=∠BDC

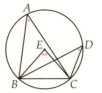

【命題 22 円に内接する四角形の対角の和は 180°】
△ABC について
∠ABC+∠BAC+∠BCA=180°…①
また、命題 21 より
∠BAC=∠BDC、∠BCA=∠BDA
よって、①より
∠ABC+∠BDC+∠BDA=∠ABC+∠ADC=180°

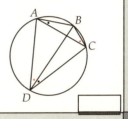

ちなみに、命題 22 の系として「円に内接する四角形の一つの外角はその内対角に等しい」という命題も成り立ちます。

系って何ですか？

一つの定理から容易に導かれる命題のことです。

容易に導けるんですか？

こういう図を描けばすぐに分かるでしょう？

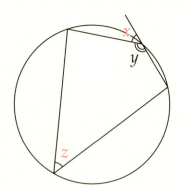

ああ、確かに！

$$x + y = 180°、z + y = 180° \Rightarrow x = z$$

ってことですね。

そうです。命題 22 はどちらかというと、この系を使うことの方が多いかもしれません。

覚えておきます！

次は、半円の弧に対する円周角が 90°になることを示す命題を紹介しましょう。

半円の弧に対する円周角は90°（第Ⅲ巻 命題31）

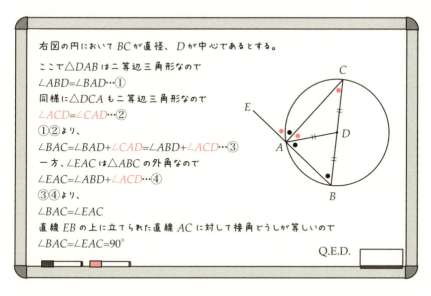

右図の円においてBCが直径、Dが中心であるとする。
ここで△DABは二等辺三角形なので
∠ABD=∠BAD…①
同様に△DCAも二等辺三角形なので
∠ACD=∠CAD…②
①②より、
∠BAC=∠BAD+∠CAD=∠ABD+∠ACD…③
一方、∠EACは△ABCの外角なので
∠EAC=∠ABD+∠ACD…④
③④より、
∠BAC=∠EAC
直線EBの上に立てられた直線ACに対して接角どうしが等しいので
∠BAC=∠EAC=90°

Q.E.D.

 これは言い換えれば、「**直径に対する円周角は直角である**」という命題です。

 あの…それなら命題20で中心角が180°の場合、と考えればいいんじゃないですか？

 現代ではふつうそのように教えますが、『原論』ではそもそも直線を「角度」として認めない立場を取っているのでそういうわけにもいかないのです。

 でも、確かⅠ巻の命題13で直線の角度は2直角になることを示しましたよね？

 その通りです。でも、そのときもわざわざ直線の上に別の直線を加えて、接角（隣どうしの角度）の和が2直角になることを主張しましたよね。こんな風に…。

 そう言えばそうでした…。

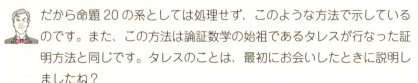 だから命題20の系としては処理せず、このような方法で示しているのです。また、この方法は論証数学の始祖であるタレスが行なった証明方法と同じです。タレスのことは、最初にお会いしたときに説明しましたね？

 はい！（今、思い出したけど…）

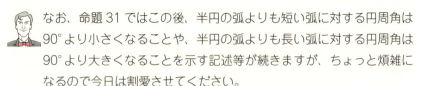 なお、命題31ではこの後、半円の弧よりも短い弧に対する円周角は90°より小さくなることや、半円の弧よりも長い弧に対する円周角は90°より大きくなることを示す記述等が続きますが、ちょっと煩雑になるので今日は割愛させてください。

 はい！（そういう割愛は大歓迎よ♪）

 それから、証明の最後のくだり
「接角どうしが等しいので $\angle BAC = \angle EAC = 90°$」は、何を根拠にしているか分かりますか？

 えっと…前にも使った気がするんですけど…。

 I巻の冒頭にある直角の定義です。

 ちょっと確認しますね。あ、I巻の定義10（P55）ですね。

接弦定理（第Ⅲ巻 命題32）

 続いて、いわゆる**「接弦定理」**を示す命題を紹介します。

 これも名前は聞いたことがあるのですが…どんな定理でしたっけ？

 言葉で言うと、**「円の弦とその一端における接線とのなす角は、その角の内部にある弧に対する円周角に等しい」**という定理です。

 全然イメージできません…。

 図に描きましょう。

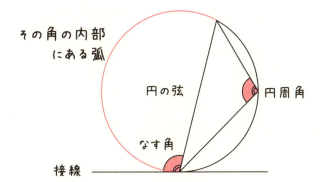

 要は、この図の赤く塗った角度どうしが等しいということです。

 ありがとうございます（ノートに書き込んでもらえるのはありがたいわ）。

 証明は…。

と言いながら、ホワイトボードに向かうクリッド。

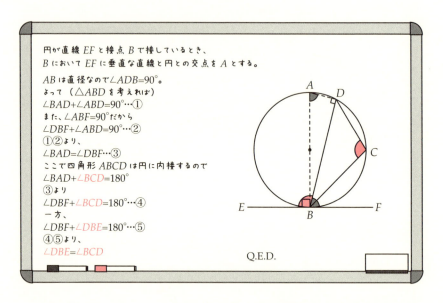

円が直線 EF と接点 B で接しているとき、
B において EF に垂直な直線と円との交点を A とする。

AB は直径なので∠ADB=90°。
よって（△ABD を考えれば）
∠BAD+∠ABD=90°…①
また、∠ABF=90°だから
∠DBF+∠ABD=90°…②
①②より、
∠BAD=∠DBF…③
ここで四角形 ABCD は円に内接するので
∠BAD+∠BCD=180°
③より
∠DBF+∠BCD=180°…④
一方、
∠DBF+∠DBE=180°…⑤
④⑤より、
∠DBE=∠BCD

Q.E.D.

 こうなります。AB が直径であることの証明は飛ばしてしまいましたが、（Ⅲ巻の）命題19「円の中心は接点において接線と垂直な直線上にある」が根拠です。この証明は、先にグレーで塗った角度どうしが等しいことを示し、その後（Ⅲ巻の）命題22「円に内接する四角形の対角の和は180°」を使って、赤く塗った角度どうしが等しいことを示すのがミソです。

 ⑤の根拠は、さっき話に出た I 巻の命題13ですね。

 その通りです！「直線の上の接角の和は2直角である」ことを使っています。

円に関する重要な定理には、他に**方べきの定理**というものがあります。Ⅲ巻では、最後の三つの命題35、36、37が方べきの定理に関する

ものですが、相当長くなってしまうので今日は触れないことにします。

円って、単純な図形のようで本当に色々な定理があるんですね。

そうなんです。まず形としては**対称性**を持ち、多くの定理が成立するという**合理性**もあります。それに命題 21 や命題 22 のように円に関する命題では、証明が**簡潔**なものも多いです。
さらに、問題を解く際には思いもよらなかったところに円が潜んでいて、それに気がつけば一気に解決するという**意外性**もあります。

数学的な美のすべてを持っているのですね！

そうなんです。さて、この後は『原論』を離れて人類が「数学的な美」を意識するきっかけになった、ある発見についてお話ししましょう。実は、それは音楽と密接な関係があります。

「数学的な美」の発見～ピタゴラス音律～

優子さんは、「ドレミファソラシド」って誰が最初に作ったか知っていますか？

いいえ、知りません（作った人がいるなんて考えたこともなかったわ）。誰なんですか？

ピタゴラスの定理で有名な、あのピタゴラスです。

へ～、なんか意外ですね！

きっかけになったのは鍛冶屋でした。

鍛冶屋？刀とか金属の器なんかを作る、あの鍛冶屋ですか？

 そうです。散歩中に鍛冶屋の近くを通りかかったピタゴラスは、職人がハンマーで金属を叩くカーン、カーンという音の中に綺麗に響き合うものと、そうでないものがあることに気づきました。これを不思議に思ったピタゴラスは鍛冶屋職人のもとを訪れ、色々な種類のハンマーを手に取って調べ始めました。

 そんなことしたら、職人さんの邪魔になるんじゃ…。

 一度疑問に思ったことは、とことん調べないと気がすまない質だったのでしょうね。ピタゴラスはやがて、綺麗に響き合うハンマーどうしはそれぞれの重さの間に単純な整数の比が成立することを発見します。中でも二つのハンマーの重さの比が２：１の場合と、３：２の場合は特に美しい響きになりました。

 へぇ〜、面白いですね。

 そうでしょう？ ピタゴラスとその弟子たちにとっても、美しいハーモニーと数学の関係はとても興味深かったようです。**人間が自然に美しいと感じる響きの中に単純な整数の比が潜んでいるという意外性や簡潔さ**は、まさに「数学的な美」に通じるものですからね。彼らはその後、音程についてとても熱心に研究するようになりました。

 どんな風にして研究したのですか？

 彼らはまず、モノコードと呼ばれる楽器を発明しました。

 モノコード？

モノコードというのは共鳴箱の上に弦を1本張って、琴柱を移動させることによって、振動する弦の長さを変えられる装置のことです。ちょっと待ってくださいね…。

と言って、クリッドは図鑑のようなものをめくってモノコードの画像を見せてくれた。

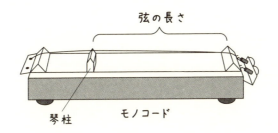

ピタゴラスたちは、このようなモノコードを二つ用意しました。無論、弦の種類は同じものを使い、弦を張る強さも同じになるように調整しました。

そうしないと、弦の長さが同じでも音程が変わってしまうからですか？

その通りです。実験はこんな風にやりました。片方のモノコードの弦の長さは固定しておき、これを基準にします。もう一方のモノコードは琴柱を動かすことで弦の長さを短くしていきます。そうして二つの弦を同時に弾き、綺麗に響き合う位置を探しました。
すぐに、弦の長さが半分になったとき、すなわち**弦の長さが2：1になったとき**に二つの音が完全に溶け合うことが分かりました。これがいわゆるオクターブ、**完全8度**の関係です。

※音楽理論においては、2音間の音の隔たりを度数で表す。同じ音どうしは1度と言い、ドから数えてレは2度、ミは3度…という風に数える。オクターブは8度、ドから数えてソは5度である。なお、特に1度、4度、5度、8度は完全系と言われる音程で前に「完全〜」とつけることが多い。

基準のモノコードの音程が「ド」なら、その1オクターブ上の「ド」が鳴るというわけですね。

そういうことです。次にピタゴラスたちは、琴柱の位置をもとに戻し、2番目によく響き合う場所を探しました。すると、基準の長さに対して、弦の長さが2/3になったとき、すなわち**弦の長さが3：2になったとき**にも二つの音はよく調和することが分かりました。

そのときは、どういう音程になるのですか？

完全5度です。

ドとソの関係ですね。

はい。他にも弦の長さの比が**4：3**や**5：4**のときも、それぞれ完全4度（ドとファ）、長3度（ドとミ）になって綺麗に響き合うことを発見しました。

綺麗に響き合う音程は、いつも綺麗な整数の比になるのですね！

はい。そうしてピタゴラスたちは自分たちの研究の成果をもとに、1オクターブの中に「ドレミファソラシド」を配置するルールを作りました。一般に、1オクターブの音程の間にどのように音を配置するかを決めたルールのことを**音律**と言いますが、音律にはピタゴラスの音律の他にも平均律や純正律など様々な種類があります。

どうしてですか？

基準の「ド」に対してどの音程も綺麗に響き合うような、言い換えればどの音程も簡単な整数の比になるような、パーフェクトな音律がないからです。

そうなんですか…。ピタゴラスたちは（簡単な）整数の比になるよう、音程を研究して音律を作ったんですよね？

はい。でも、ある音程を（簡単な）整数の比にしようとすると、他の音程が（簡単な）整数の比にならなくなって、日本語で言うところの「あちらが立てばこちらが立たず」状態になってしまうんです。

（外国人から日本語の諺を聞くのは新鮮だわ）

実際、どの音律にも一長一短があるので、例えばオイラーやケプラーといった大数学者もそれぞれオイラー音律、ケプラー音律と呼ばれる独自の音律を発表しているくらいです。

どうして数学者は音律にこだわるんですかね。それもロマンチストだからですか？

そうだと思います。「この世はきっともっとシンプルな美しさに溢れている」と信じる科学者だからこそ、音においても完全なる調和を求めたくなるのでしょう。

なるほど…。

ピタゴラスとその弟子たちが取り組んだ「音の調和」と「数の比」に関する研究は、やがて**「万物の根源は数である」**とする考えに発展しました。宇宙の秩序は調和によって保たれ、それはすべて数で表せると考えたんですね。

それはまた大げさな感じですね…。

この先は完全に余談ですが、数の中でも特に整数とその比を神のように崇めるようになったピタゴラスたちは、やがて1〜10の数字に意味をつける**「ピタゴラス数秘術」**なるものを編み出しました。

スウヒジュツ…ですか？

 書きましょうか。

≪ピタゴラス数秘術≫

1：理性　　　2：女性

3：男性　　　4：正義・真理

5：結婚　　　6：恋愛と霊魂

7：幸福　　　8：本質と愛

9：理想と野心　10：神聖な数

 これらは計算にもあてはめることができるんですよ。
例えば…2＋3＝5は「女性＋男性＝結婚」、2×3＝6は「女性×男性＝恋愛」、2＋5＝7は「女性＋結婚＝幸福」などです。

 わあ～、面白いですね！どれどれ…1＋3＝4は「理性＋男性＝正義・真理」ですか。確かに。あ、でも「1＋2＝3」で「理性＋女性＝男性」というのは、女性には理性がないみたいでちょっと納得いきません！

 ハハハ。まあ、色々遊んでみてください。ちなみに、このピタゴラス数秘術は占星術やタロット占いの源流になったとも言われています。

へぇ〜知りませんでした！

さて、今日はこれくらいにしておきましょう。
最後に宿題を出してもいいですか？

（げっ）何ですか…？

今日のレッスンをヒントに、このプリントの問題をやってみてください。

と言って、クリッドは優子に A4 の紙 1 枚を渡した。
そこには次のような問題が記してあった。

《問題》

(1) III 巻の命題 21 は逆も成立することを証明しなさい。
(2) III 巻の命題 22 は逆も成立することを証明しなさい。
(3) △ABC において、B から AC に下ろした垂線 BN と C から AB に下ろした垂線 CM の交点を H とする。直線 AH の延長と BC との交点を L とするとき、AL は BC と直交することを (1)(2) を使って証明しなさい。

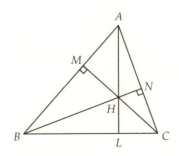

クリッドからの宿題

 命題 21 は「同じ弧に対する円周角どうしは等しい」でしたよね？

 そうです。

 この命題の逆って、どういう命題になるのですか？

 「2 点 A、B が直線 CD に対して同じ側にあるとき、∠CAD ＝ ∠CBD ならば、4 点 A、B、C、D は同一円周上にある」という命題です。この命題は、よく**「円周角の定理の逆」**と呼ばれます。正確には、円周角の定理の系の逆、ですが。

 （急いでメモをとる）ありがとうございます。分かりました。次の命題 22 は「円に内接する四角形の対角の和は 180°」でしたから、逆は「ある四角形の対角の和が 180°ならばその四角形は円に内接する」でいいですか？

 その通りです。

 ちなみに、『原論』のどこかに答えはあるんですか？

 ハハハ。残念ながら載っていません。自分で考えてみてください。

 はい…。

 （3）の H はいわゆる**垂心**です。三角形の各頂点から対辺に引いた 3 本の垂線が 1 点で交わることは、座標を設定したり、ベクトルを使っ

たり、様々な証明方法があります。でも、今回は「(1)と(2)を使って」とあるので、今日勉強した円の性質を使って証明してみてください。

円ですか？ 図の中に円はありませんが…。

まずは、この図の中に円に内接する四角形を見つけることから始めてください。

分かりました…それで、今度のレッスンはいつになりますか？

実は…急で申し訳ないのだけれど、来月ウィーンに帰ることになりましてね。ここでのレッスンは今日が最後になってしまうんですよ。

えっ！ そうなんですか…。そんなぁ…。

申し訳ないですね。でも、ウィーンの住所が決まったら必ず知らせますから、向こうに来ることがあったらぜひ立ち寄ってください。

はい…（そんな日が来るかしら…）。

あなたが本気で指揮者をめざすなら、必ずウィーンに来る機会はあるはずです。そのときに会えるのを楽しみにしていますよ。

でも…先生がいないと不安です。

大丈夫。これまでのレッスンで、あなたが指揮者としてオーケストラやスコアと対峙する前に身につけてほしい論理力については十分お話ししてきました。これからはそれらを大いに活用しながら勉強し、そしてたくさんの経験を積んでください。成功はもちろん、失敗だって若い指揮者にとってはかけがえのない財産になります。

はい…。

 あなたならきっとやり遂げてくれると信じていますよ。
ウィーンで待っています！

 頑張ります…。

優子、垂心に関する問題を解く

　正直、優子には不安しかなかった。プロの指揮者をめざそうと志したとたん、クリッドがいなくなってしまうなんて…。まだまだ教えてもらいたいことはたくさんある。というより、音楽そのものについてはほとんど何も教えてもらっていない。指揮法だって今は自己流だから、きちんと見てほしかったのに…。

　ただ一方で、クリッドからしか学べないことは教わった気もしていた。クリッドの下を訪れる前は、指揮者になるために「論理力」が必要だなんて爪の先ほども思っていなかったが、『原論』や『原論』に関する様々な話題を通して、「論理力」がいかに大切かは分かるようになったし、今では何をするにも必要不可欠な力であると感じている。考えてみたら、これほど価値観が大きく変わったことは過去になかったのではないか。自分に革命が起きたと言っても過言ではない。あとは、クリッドの言う通り実践あるのみなのだろう。あと1年で音大に合格するためには、遮二無二やるべきことをやらなければ。

　1月の寒気は肌に刺すようであったが、凛とした空気の中、優子は小走りに近い速度で駅までの道を歩いた。

　家に帰ると優子は早速宿題にとりかかった。もらったプリントを机の上に広げる。クリッドがいなくなると思うと、ただのプリントがお守りのようにも思えてくる。

《問題》

(1) III巻の命題 21 は逆も成立することを証明しなさい。
(2) III巻の命題 22 は逆も成立することを証明しなさい。
(3) $\triangle ABC$ において、B から AC に下ろした垂線 BN と C から AB に下ろした垂線 CM の交点を H とする。直線 AH の延長と BC との交点を L とするとき、AL は BC と直交することを (1)(2) を使って証明しなさい。

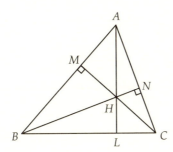

〜以下、優子の頭の中〜

(1)「命題 21 の逆」はメモしてあったわね。えっと…そうそう、「2点 A、B が直線 CD に対して同じ側にあるとき、$\angle CAD = \angle CBD$ ならば、4点 A、B、C、D は同一円周上にある」という命題になるんだったわ。
さて…どうしたものか。まずは絵を描いてみましょ。

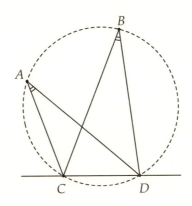

うーん……ん？待って。この命題を「∠CAD = ∠CBDならば、4点A、B、C、Dが同一円周上にないということはあり得ない」と読み替えたらどうかしら？あり得ない…そんな4点A、B、C、Dは存在しない……そうだ！存在しないことを示すには背理法（P109）が有効だったはず。試してみよう。

背理法では、もともとの仮定に加えて証明したい結論の否定も仮定するから、「∠CAD = ∠CBDかつ4点A、B、C、Dが同一円周上にない」と仮定して、矛盾を導けばいいのね。今は点Bが△ACDの外接円上にないことにしましょう。点Bが△ACDの外接円上にないとき、点Bは円の外側にあるケースと内側にあるケースがあるわ…。

（ⅰ）点Bが円の外側にあるとする

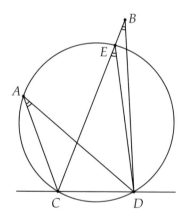

点Bは円の外側にあるから、BCは△ACDの外接円と交わるはず。その点をEと名づけよう。すると、∠CADと∠CEDは円周角の関係になるから、Ⅲ巻の命題21（P170）より

$$\angle CAD = \angle CED \quad \cdots ①$$

また仮定より
$$\angle CAD = \angle CBD \quad \cdots ②$$
①、②より
$$\angle CED = \angle CBD \quad \cdots ③$$
ここで…そうだわ！∠CED は△DBE の外角になってるじゃない！いつかやった「三角形の外角はそのいずれの内対角よりも大きい」という定理…そうⅠ巻の命題16（P124）を使えば、
$$\angle CED > \angle CBD \quad \cdots ④$$
ってことになるわね。でも③と④は明らかに矛盾！

(ii) 点 B が円の内側にあるとする

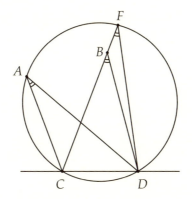

今度は B が円の内側にあるので、CB を延長した直線と円との交点を F としましょう。すると、∠CAD と∠CFD が円周角の関係になるから、Ⅲ巻の命題21より
$$\angle CAD = \angle CFD \quad \cdots ⑤$$
また仮定より
$$\angle CAD = \angle CBD \quad \cdots ⑥$$
⑤、⑥より
$$\angle CFD = \angle CBD \quad \cdots ⑦$$

ここで…∠CBD は △DFB の外角から、また I 巻の命題 16 を使えば、
$$\angle CFD < \angle CBD \quad \cdots ⑧$$
と言えるわ。でも⑦と⑧は明らかに矛盾！
（ⅰ）、（ⅱ）はいずれも矛盾するので、背理法より B は △ACD の外接円上にある！
すなわち「2 点 A、B が直線 CD に対して同じ側にあるとき、∠CAB = ∠CBD ならば、4 点 A、B、C、D は同一円周上にある」。
…Q.E.D.

きゃー。ついに使っちゃったわ「Q.E.D」。
これって私、かなり凄いんじゃないかしら！

(2) 次は、「ある四角形の対角の和が 180° ならばその四角形は円に内接する」を証明すればいいのね。点に名前がないと書きづらいから、ここでは「□$ABCD$ に対して、∠ABC + ∠CDA = 180° ならば D は △ABC の外接円上にある」を証明することにしましょう。

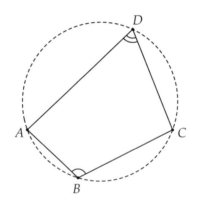

これも、背理法でできないかしら？
もし背理法で示すなら、「∠ABC + ∠CDA = 180° かつ D は △ABC の外

接円上にない」と仮定して矛盾を導けばいいはず。
また、D が△ABC の外接円の外側にあるケースと内側にあるケースに分けて考えましょう。

(i) 点 D が△ABC の外接円の外側にあるとする

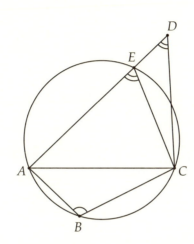

点 D は円の外側にあるから、AD は△ABC の外接円と交わる。その点を E と名づけましょう。
□$ABCE$ は円に内接するからⅢ巻の命題22（P170）より、
$$\angle ABC + \angle CEA = 180° \quad \cdots ①$$
また仮定より
$$\angle ABC + \angle CDA = 180° \quad \cdots ②$$
①、②より
$$\angle CEA = \angle CDA \quad \cdots ③$$
ここで、$\angle CEA$ は△CDE の外角だから、再びⅠ巻の命題16を使えば、
$$\angle CEA > \angle CDA \quad \cdots ④$$
③と④は明らかに矛盾！

(ii) 点 D が △ABC の外接円内側にあるとする。

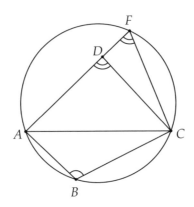

今度は、点 D は円の内側にあるから AD を延長すると、△ABC の外接円と交わる。その点を F としよう。□ABCF は円に内接するから、Ⅲ巻の命題 22 より、

$$\angle ABC + \angle CFA = 180° \quad \cdots ⑤$$

また仮定より

$$\angle ABC + \angle CDA = 180° \quad \cdots ⑥$$

⑤、⑥より

$$\angle CFA = \angle CDA \quad \cdots ⑦$$

ここで、∠CDA は △CFD の外角だから、Ⅰ巻の命題 16 より

$$\angle CFA < \angle CDA \quad \cdots ⑧$$

⑦と⑧は明らかに矛盾！
(ⅰ)、(ⅱ)はいずれも矛盾するので、背理法より D は △ABC の外接円上にある！
以上より、「□ABCD に対して、∠ABC + ∠CDA = 180° ならば D は △ABC の外接円上にある」…Q.E.D.
やった！できた！！証明楽しいー♪
それにしても、Ⅰ巻の命題 16 は強力ね！

（3）さあ、いよいよメインディッシュね。

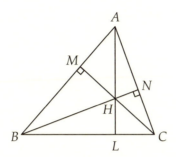

先生は「この図の中に円に内接する四角形を見つけることから始めてください」っておっしゃってたわ。当然、（1）と（2）は使うはずだから…あっ、直線 *BC* に対して *M* と *N* は同じ側にあって、∠*BMC* ＝ ∠*BNC* になってるわ。ってことは（1）より、4 点 *M*、*B*、*C*、*N* は同一円周上ね。すなわち □*MBCN* は円に内接する四角形 だわ。

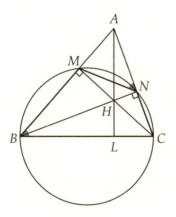

このことから分かるのは…命題 22 を使うなら系の「円に内接する四角形

の一つの外角はその内対角に等しい」を使うことが多いって習ったっけ。
つまり、
$$\angle MBL = \angle ANM \quad \cdots ①$$
ってことね。

他にも円に内接する四角形はありそうね…。あ～□$AMHN$ は、仮定より $\angle AMH$ も $\angle ANH$ も $90°$ だから、$\angle AMH + \angle ANH = 180°$ だわ。それなら（2）が使えるから、**□$AMHN$ も円に内接する四角形**ね。

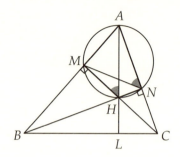

（Ⅲ巻の）命題 21 を使えば
$$\angle MHA = \angle ANM \quad \cdots ②$$
も分かるじゃない。

①と②から
$$\angle MBL = \angle MHA$$

でしょ…ってことは、□$MBLH$ は外角とその内対角が等しいってことになるわ。（2）で命題 22 の逆が正しいことは示してあるから、命題 22 の系の逆、すなわち「一つの外角とその内対角が等しい四角形は円に内接する」ってことも当然言えるわね。

つまり…**□$MBLH$ も円に内接する四角形**よ。

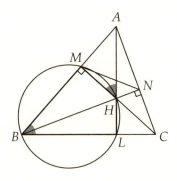

あっ！それなら（Ⅲ巻の）命題22から
$$\angle BMH + \angle BLH = 180° \quad \cdots ③$$
仮定より、$\angle BMH = 90°$ だからこれを③に代入すると
$$90° + \angle BLH = 180° \Rightarrow \angle BLH = 90°$$
以上より
$$AL \perp BC$$
Q.E.D.

できた〜〜〜！！
それにしても三つも円に内接する四角形が見つかるなんて、意外だったわ。円の持っている「意外性」って、こういうことね。

　クリッドの宿題をなんとか解くことができて、優子は興奮していた。まさに数学的な美に「内的快感」を覚えている状態だった。論理を積み重ねていくことで、新しい美を感じられるようになったのである。それは自分の中に新しい感性が生まれたことを感じさせる、稀有な経験だった。

第5章

「論理力」を深める
〜新しい視点〜

1年間の猛勉強の末、優子は第一志望の音楽大学の指揮科に入学することができた。ソルフェージュ、スコアリーディング、指揮の実技など、勉強するべきことは山ほどあった。また国立大学のため、センター試験を受験する必要もあった。ただし、そのいずれの勉強においても、クリッドに教わった論理的思考は極めて有用だった。わずか1年の勉強で志望校に合格できたのは、言葉の定義を確認した後、正しいとされている基本的なことを積み重ねてより高度な結論を導くという学びの基本姿勢が身についていたからだろう。もちろん、全部が全部論理的に解決できるわけではなかったが、合理的であることを快いと感じる感性を持てたおかげで、論理が使える場面を見逃さないようになっていたのは大きなアドバンテージだったに違いない。

　大学入学後の優子は、指揮ができる現場を貪欲に探した。同級生の有志を募った学内のオーケストラだけでなく、ママさんコーラス等の合唱、アマチュアオーケストラの指導、先輩指揮者の下振りなど、振らせて貰えるのであれば、どこにでも出かけていった。さらに1年生が終わる頃には、ある合唱団とアマチュアオーケストラを引き合わせ、先輩とともにオペラを上演する団体を組織し、日常的に指揮をする機会も作った。

　若手指揮者に最も必要なものは経験である。たくさんの失敗とわずかな成功を繰り返しながら、練習のつけ方、出てきた音への反射神経などを身体に染み込ませていくのだ。その点、優子は他のどの同級生よりも多くの経験を積むことができた。実際、同級生の中ではいち早く頭角を表し、大学3年生になる頃には、自活できるくらいの収入を指揮の仕事だけで得られるようになった。

　ただ、優子は満足していなかった。もちろん一つひとつの現場から得るものは大きく、そういう機会を与えられることにも感謝していたが、このままでは海外の超一流のオーケストラの指揮台に上がるチャンスは巡ってこないだろう。内外のプロオーケストラから声がかかるようになるには、やはり国際コンクールで優勝するという花火を打ち上げる必要がある。そう考えた優子は、フランスで本選が行われる国際指揮者コンクールに照準を定めた。このコンクールは世界的な権威を誇り、過去の優勝者には第一線で活躍するマエストロたちが名を連ねている。

　9月の本選に先立ち、4～5月に世界各地で予選が行われ、優子は中国北

京での予選に参加した。多くの参加者の中で予選を突破することは決して楽ではないが、持ち前の強運と経験の豊富さを武器に狭き門をこじ開けた。見事、予選を突破したのである。

予選突破の報せを受けて、真っ先に思い浮かべたのはクリッドのことだった。フランスで本選を受ける前にウィーンに立ち寄り、クリッドに会って近況を伝えるとともに、アドヴァイスをもらいたい。早速、メールを書くと、ほどなくして「おめでとう。ぜひいらっしゃい。久しぶりに会えるのを楽しみにしています」というクリッドからの返信が届いた。嬉しい。またクリッドに会える！

9月の中旬に優子は日本を発った。2度目の海外とは言え、はじめて訪れる国を女の子ひとりで旅するのはやはり心細い。でも、クリッドが送ってくれた空港からの地図は随分と分かりやすく、クリッドの自宅には拍子抜けするほど簡単にたどり着いてしまった。予定より30分以上早い…。優子は辺りを散歩することにした。石造りの道と建物が並ぶウィーンの街を歩いていると、まるで歴史の中に自分が迷い込んだかのような気持ちになってくる。この街でモーツァルトがその生涯を閉じ、シューベルトが生まれ、ベートーヴェンやブラームスが生活をしていたのだ。日本のそれとは明らかに違うヨーロッパの空気に包まれながら、当時の面影を色濃く残す街並みに立っていると、伝統の重みを強く感じずにはいられない…。しばし感慨に浸り、ふと時計を見ると、約束の時間が近づいていた。優子は慌てて踵を返す。クリッドの自宅は、地下鉄の駅から歩いて3分ほどの、パン屋の隣の隣の建物である。

優子、数学の女王「数論」に挑む

 先生！ お久しぶりです！！

 やあ、よく来たね。そして、予選突破おめでとう！

ありがとうございます。これも先生に論理的思考を教えていただいたおかげだと思っています。

 だとしたら嬉しいです。でも、もちろんそれだけでは予選は通りません。もともと優子さんに瑞々しい感性と音楽を愛する情熱があって、さらにたゆまぬ努力も重ねてきたからこそでしょう。とても立派だと思いますよ。

 (嬉し過ぎる…) ありがとうございます！！

 ところで、今日は『原論』を持ってきましたか？

 もちろん持参しました！

 時間は大丈夫ですか？

 フランスへは明後日発つので、大丈夫です。

 それなら、今日も少し『原論』を読み進めていきましょう。日本でのレッスンではずっと図形に関する命題を扱っていましたが、『原論』には図形以外の命題も載っています。中でも際立っているのは、全13巻のうち、Ⅶ～Ⅸ巻の3巻を占める**「数論」**です。前に「ユークリッドの素数定理」の話（P111）をしたと思いますが、あれもⅨ巻でした。今日は、この数論についてお話したいと思っています。

 そもそも、数論って何なんですか？

 数論とは、整数について研究する数学分野のことです。

整数の何を研究するのですか？

以前、n 個の奇数を 1 から順に足し合わせると n^2 になるという話をしましたね。

はい。

整数には、このような意外な感じがする性質がたくさんあります。例えば…**フェルマーの定理**は知っていますか？

名前だけなら…（日本のレッスンでも一度出てきたわね）。

フェルマーは 17 世紀の人で、本職は弁護士だったのですが、余暇に楽しんでいた数学において多くの業績を残した人です。

余暇…アマチュア数学者だったということですか？

はい。でもアマチュアのレベルは遥かに超えていて、パスカルとともに確率論の基礎を作ったり、デカルトと文通をしながら、いわゆる解析幾何学という数学分野を創り出したりしました。中でも、数論の分野においては数々の独創的な研究を遺しています。

フェルマーの定理、というのはどういう定理なのですか？

「n が 3 以上の整数のとき、$x^n + y^n = z^n$ を満たす自然数 x、y、z は存在しない」という定理です。

結構シンプルですね。

しかし、この定理が証明されたのは20世紀の終わりのことで、実に360年もの歳月がかかりました。

えっ〜、360年もですか！でも…ちょっと待ってください。フェルマー自身は証明していないんですか？

そうなんです。フェルマーはある書物の余白にこの定理を記し、**「私はこの定理を証明する驚くべき方法を考えついたが、それを書くにはこの余白は狭過ぎる」**と書いたまま、亡くなってしまったんです。

本当に証明できていたんでしょうか。

分かりません。ただ、360年後にアンドリュー・ワイルズという人が行なった証明は現代数学の粋が集められたものですから、完全な証明ではなかっただろう、という見方が大勢を占めています。

そうでしょうね…。

フェルマーの定理は数論の典型的な問題ですが、数論では問題そのものは理解しやすくても、解決するためには独特の、そして高度な数学が必要になるケースが少なくありません。これについて、かのガウスは**「数論の法則は目に見えて現れるものだが、その証明は宇宙の闇に深く横たわっている」**なんて言っています。

数論の問題には、他にどんなものがあるんですか？

数論の問題の多くには、素数が関係しています。
優子さん、素数は大丈夫ですか？

はい！以前にも教えていただきましたから。
「1と自分自身しか約数をもたない2以上の自然数」ですよね。

その通りです。素数を表す英語の"prime number"は「最も重要な数」という意味であり、（素数は）物質における元素のようにすべての数の根源となる数ですが、分からないことがたくさんあります。
例えば…**双子素数**の問題も未解決です。

双子素数って何ですか？

2を除く素数の集合を考えたとき、二つの素数の差の最小値は2となることは分かりますか？

…分かりません。

素数を小さい方から順に列挙してみてください。

2, 3, 5, 7, 11, 13, 17, 19, 23, 29, 31, 37, 41, 43, 47…。

ありがとうございます。ほら、2以外の素数はすべて奇数でしょう？

はい。

偶数は必ず2を約数に持ちますから、2以外の偶数は「1と自分自身しか約数を持たない自然数」にはなり得ません。
つまり、2を除く素数はすべて奇数です。

確かに…。

2を除く素数の集合から二つの数を取り出したとき、それらは必ず奇数どうしですから、二つの数の差の最小値は「2」になります。

そういうことですか。

双子素数というのは、2を除く素数の集合の中で、差が最小値の2になる素数どうしのことです。言い換えれば、偶数を挟んで隣り合っている素数どうしが「双子素数」です。優子さん、双子素数をいくつか言ってみてください。

はい…「3と5」、「7と11」、「17と19」、「29と31」、「41と43」…。

ありがとうございます。その後は「59と61」、「101と103」…と続きますが、このような双子素数の組が無限に存在するかどうかはまだ分かっていません。ちなみに、現在知られている最も大きな双子素数は二つの素数がそれぞれ38万8832桁です。※

なんだか大き過ぎてピンときませんが、数が大きくなると、その数が素数であるかどうかを判定するのも大変そうですね。

そうなんです。双子素数が無限に存在するかどうかは数学者にとって長年の未解決問題でしたが、2013年に「連続する素数の差が7000万未満の組み合わせは無数に存在する」ことが証明されたことは、この問題に関する大きな進歩でした。

「2」まではまだ遠いですね…。

はい。でも、この成果によって双子素数の研究は急激に進み、現在では「連続する素数の差が246以下の組み合わせは無数に存在する」ことも証明されています。

おっ、随分縮まりましたね！

※ 2017年1月現在

双子素数の問題が解決する日はそう遠くないかもしれません。

 数論が難しいものだということは、なんとなく分かってきました。

 再びガウスの言葉を借りると、ガウスは**「数論は数学の女王」**だとも言っています。

 女王？ なぜですか？

 さっきも少し言いましたが、数論の問題を解くには、他の様々な分野の数学を道具として使います。でも、逆に数論の理論が他の分野に使われることはほとんどないからでしょう。

 他の者はこき使うけれど、自分は使われることがないから「女王」ということですか？ でも、それなら王様でもいいのに。

 確かにそうですね。ただ、これは私の推論ですが、数論で示される結論はシンプルな美を持っていることが多く、またその解決手法には合理性はもちろん意外性もあって、美しさを感じるシーンが多いので、王様ではなく女王と言ったのだと思います。

 なるほど…。

 ただし、最近は数論の理論は暗号論や符号論へ応用されているので、「外に働きに出るなんて女王の地位も危うい」と冗談まじりに言われていますけどね。

 ハハ…。

新しい視点 〜『ヒラメキ』の源泉を探る〜

 それはさておき、なぜ私が今日、あなたに数論の話をしたいと思っているか分かりますか？

 数学的な美をさらに堪能するためとかですか？

 それも確かに大切ですが、最大の理由は**ヒラメキを得る方法を知ってほしいから**です。

 えっと…どういうことでしょう…？

 優子さんは『トイ・ストーリー』という映画を知っていますか？

 もちろんです！ 大好きな映画ですよ。

 作ったのはピクサーという映像制作会社で、『トイ・ストーリー』は同社初の長編映画だったわけですが、その後も『モンスターズ・インク』や『ファインディング・ニモ』といったヒット作を連発しています。

 ピクサーの映画は、ほとんど全部観ていると思います。

 そのピクサーをあのスティーブ・ジョブズとともに設立し、現在は同社とディズニー・アニメーションの社長を兼務するエド・キャットムル氏が書いた『ピクサー流 創造するちから』という本の中に、こんな一節があります。

「独創性はもろい。そしてでき始めのころは、見る影もない。私が初期の試作を『醜い赤ん坊』と呼んでいるのはそのためだ。成長した美しい大人のミニチュア版ではない。本当に醜く、ぎこちなく、いびつで、攻撃されやすく、不完全だ。時間をかけて辛抱強く育てなければ

一人前になれない」

 最初から完成しているわけではない、ということですか？

 そうです。同じ本の中でキャットムル氏は**「創造性は短距離走よりマラソンに近い」**とも言っています。

 へえ～。独創的なものって、天才が神の啓示のようなものを受けて一挙に作りあげてしまうというイメージがありますけど。

 他人から見るとそのように見える場合も、本人の中では伝統や経験の積み重ねの上に徐々に作り上げていったものだ、ということでしょうね。そういう意味では、古典力学を築き微分積分学を確立したニュートンも**「私が他の人より遠くを見ることが可能だったのは、私が巨人の肩に立ったからである」**と言っています。

 巨人って、神様とかそういうものですか？

 いえ、ここで言う巨人とはレオナルド・ダ・ヴィンチや、ガリレオ・ガリレイといった過去の賢人たちが積み上げてきたもののことです。自分はそういったものを受け継いだに過ぎない、と言いたいのでしょう。

 謙虚な人だったのですね。

 はい。そして、文豪ゲーテもまた**「独創性とは、いったい何を意味するのだろうか？ そんなものが本当にあるのだろうか？」**という趣旨のことを言っています。

 そうなんですか？ ゲーテも含めて様々な天才たちは過去に誰も成し遂げなかったようなものを作り上げているわけですから、やっぱりそういうのは独創的って言うんじゃないですか？

もちろん、ニュートンにしろ、ゲーテにしろ、モーツァルトにしろ、類稀な天才であったことは確かですが、どんな人間も生まれ落ちたその瞬間から、世の中や歴史から何らかの影響を受け続けます。歴史に名を残す天才たちは、それらの中から必要なものを驚くべき純度と深さで吸収したからこそ、新しいものを作り上げることができたのでしょう。

でも、モーツァルトは子供の頃から作曲していたんですよね？

モーツァルトは3歳になる前から、お父さんによる音楽の英才教育を受けていました。あり得ないほどの驚異的なスピードで学んだことは確かですが、知識がゼロの状態から曲を作り上げたわけではありません。それに、モーツァルトは同時代の作曲家の作品をとてもよく知っていて、彼らの作風を真似て即興的に作曲することができました。中でもハイドンを特に尊敬し、よく研究していたことは有名です。
それから私が日本にいる頃、芸人の方が芥川賞を受賞して話題になっていましたが、彼の読書量は桁外れに多くて、これまで2000冊以上の本を読んできたそうですよ。

つまり…？

話が脱線し過ぎましたね。ごめんなさい。
つまり、**ありとあらゆる独創はそれまでに積み上げられてきたものを知るところから始まる**、ということです。

そのために数論を学ぶと？？

そうです。さっきも言った通り、数論の理論には独特な手法が使われることが多いので、数論以外からは学べない発想を学ぶことができます。数論を通して、様々な発想を知識として蓄えてほしいのです。

知識を勉強することと、ヒラメキっていうのは対極にある気がしていたんですけど…。

スティーブ・ジョブズは、**「創造性とは物事を結びつけることだ」**と言いました。俗に言うヒラメキ、人があっと言うような独創的なアイディアは、豊富な知識とそれらを繋ぎ合わせることができる言わば設計力の賜物です。

やっぱり知識を貯めるだけじゃダメなんですね。

そうなんです。音楽家として、聴く人にあなたならではのオリジナリティを感じさせるためには、貪欲に知識を学んだ上でそれらをどう組み合わせていったらいいかを考えることが必要です。
数学、特に数論を通して学ぶことができる多様な発想は、発想そのものが知識であると同時に、いくつかの事実を結びつける設計力の手本にもなると私は思っています。

なんだか、ワクワクしてきました！

それはよかった。でも、『原論』に入るとまた少し長くなるので、ここで休憩しましょう。本場のザッハトルテを用意してありますから、食べてみてください。

　部屋を出たクリッドは、しばらくするとお盆に載せたザッハトルテと紅茶を持って来てくれた。

ありがとうございます！　いただきます♪

第5章　「論理力」を深める〜新しい視点〜

ユークリッドの互除法～前半～（第Ⅶ巻 命題1）

 では優子さん、Ⅶ巻の命題1冒頭の「定理」を読んでみてください。

 はい。
「二つの不等な数が定められ、常に大きい数から小さい数が引き去られるとき、もし単位が残されるまで、残された数が自分の前の数を割り切らないならば、最初の2数は互いに素であろう」。
…何を言っているのかさっぱり分かりません…。

 ありがとうございます。まず、「単位」というのは、この巻の冒頭の定義1に「1とよばれるもの」と書いてあります。

 つまりは「1」ってことでしょうか？

 はい。

 「互いに素」っていうのは互いに素数ということですか？

 いえ、違います。
「互いに素」というのは、（Ⅶ巻の）定義13に「共通の尺度としての単位によってのみ割り切られる数」とありますが、要は**最大公約数が1の数どうし**であるという意味です。例えば「4と9」はそれぞれ素数ではありませんが、最大公約数は1なので互いに素と言えます。

 ああ、分数を作ったとしたら約分できない2数ということですね。

 その通りです。命題1の内容は分かりづらいので、具体的な数字で考えてみましょう。

クリッドは部屋の隅からホワイトボードを運んできた。
東京でのレッスンが懐かしい。

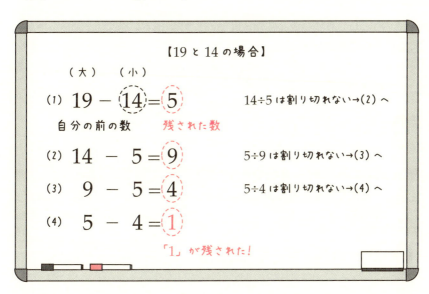

例えば 19 と 14 の場合、「大きい数から小さい数が引き去られるとき」、19 から 14 が引かれて 5 が残ります。ですから、「残された数」は 5 です。「自分の前の数」というのは「残された数の前の数」という意味なので、ここでは 14 です。14 ÷ 5 は割り切れないので、(1) は「残された数が自分の前の数を割り切らない」状態です。そこで、14 と 5 について大きい数から小さい数を引き去る (2) の計算に移ります。あとは同様の計算を繰り返します。

ああ、そういう意味ですか（分かりにくいわね…）。

このようにしたとき「単位が残されるまで」、すなわち 1 が残されるまで繰り返されるのなら、最初の二つの数は互いに素だというのがこの命題の主張です。

これは…どういう風に証明するのですか？

前にもお話ししましたが、文字式を使って数の性質を一般化できるようになるのはもっとずっと後のことですし、そもそも現代のように「＋、－、×、÷、＝」などの記号を使った数式表現もなかったので簡単ではありません。

じゃあ、どうするんですか？

結論から言うと、**線分の長さで数を表し、同様に繰り返されることは一般化できると考える**ことで処理します。そして、証明自体は背理法（P109）を使います。

出た、背理法！（今では愛着すらあるわ♪）

では、『原論』で展開されている証明を翻訳してみましょう。長くなりますが…。

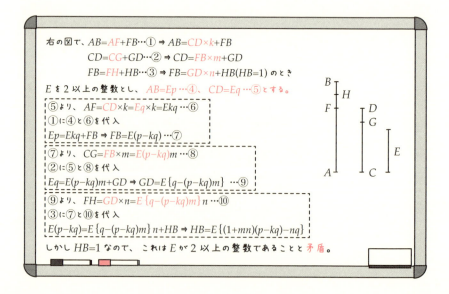

うわぁー、これは複雑ですねぇ…。

写すのは大変でしょうから、写真に撮ってくださいね。

ありがとうございます（パシャ♪）。

少し補足しましょう。まず、数を線分の長さで表すので、AB とか CD とかいうのは、それぞれの線分の長さに等しい数を表すと考えてください。

仮定は、与えられた二つの数を表す AB と CD（$AB > CD$）に対して、大きい方の数から小さい方の数の整数倍を切り取る操作を3回繰り返すと、単位、すなわち「1」が残ったとします。このとき、AB と CD は互いに素であることを証明したいのですが、背理法で示すのでこのような場合でも AB と CD が2以上の公約数 E を持つとして、矛盾を導きます。

「小さい方の整数倍」を切り取るんですか？ さっきの19と14の場合は、単に大きい方から小さい方を切り取りましたよね？

鋭いですね。確かにそうなのですが、19と14の場合の（2）と（3）、すなわち「$14 - 5 = 9$」と「$9 - 5 = 4$」は結局14から5を2回引いていますので、「$14 - 5 \times 2 = 4$」とまとめて考えるわけです。

なるほど。

①とその右隣の式は、AB のうち AF が CD の整数倍に等しく、かつ AB を CD で割った余りが FB であることを表しています。つまり、$CD > FB$ です。

CD の整数倍？ 図では $AF = CD$ に見えますが…。

この図は、たまたま CD × 1 の場合の図になっていますが、一般には大きい方の数が小さい方の数の 2 倍以上であるケースも当然あり得ますから、このように書いておきます。なお、ホワイトボードの小文字のアルファベットはすべて正の整数だと思ってください。

②と③も同じことですか？

その通りです。大きい方の数から、小さい方の数の整数倍を最大限に切り取っています。

その後の点線の四角は何ですか？

同じことを 3 回繰り返していますよ、という意味です。

数式はどんどん複雑になりますね…。

そうですね。これでも四則演算の記号や文字式を使っているので、まだマシなんですよ。『原論』の原文は、かなり分かりづらい記述になっています。比較しながら、後でゆっくり読んでみてください。

ホテルに帰ってから、もう一度読んでみます…。

さっきも少し言いましたが、「**同様のことを繰り返すのだから、これは一般化できる命題（定理）だ**」と結論している論法は注目すべきところです。

でも…本当はそれじゃダメなんですよね？？

はい。よっぽど自明なケースでなければ、現代では認められません。たとえ 100 回までは同じことが繰り返せたとしても、101 回目から

違ってしまえば、それは反例となって命題が偽になってしまうからです。

では、どうするのですか？

自然数（正の整数）に関する一般的な性質を証明するときの最も基本的な方法は、**数学的帰納法**という証明方法です。

あっ、名前は聞いたことあります。何でしたっけ？

日本では、数Bという科目の中で登場するそうですね。数学的帰納法については、後であらためて解説しましょう。

ユークリッドの互除法〜後半〜（第Ⅶ巻 命題2）

では、続いて命題2の最初の一文を読んでください。

「互いに素でない2数が与えられたとき、それらの最大公約数を見いだすこと」 とあります。えっと、これは最大公約数を見つけなさい、ということですか？

東京でもお話ししましたが、『原論』に収められている命題は問題タイプと定理タイプに大きく分かれるのでしたね？（Ⅶ巻の）命題1は定理タイプですが、この命題2は問題タイプです。

ああ、そうでした。ということは、命題2は手順の説明→その手順が正しいことの証明、という流れになっているのですか？

よく覚えていますね。確かに、図形に関する問題タイプの命題では、手順→証明の流れになっていたのですが、ここでは手順を説明しながらそれが正しいことを証明していくというスタイルを取っています。

そうなんですね。

命題 2 で示される最大公約数を求める手順を、先に具体的な数字で確認しておきましょう。これはいわゆる**「ユークリッドの互除法」**と呼ばれる方法です。例えば、30 と 21 の場合は「30 ÷ 21」を計算します。

商が 1 で余りが 9 ですね。

はい。このように割り切れなかった場合は、次に割った数を余りで割ります。すなわち「21 ÷ 9」を計算します。

今度は商が 2 で余りが 3 です。

やっぱり割り切れなかったので、同様に割った数を余りで割ります。

「9 ÷ 3」ですね。これは割り切れます。

最後に割り切れたときの割った数が最大公約数です。

確かに 3 は、30 と 21 の最大公約数です。

≪ユークリッドの互除法：30と21の場合≫

$$30 \div 21 = 1 \cdots 9 \Rightarrow 30 = 21 \times 1 + 9$$

$$21 \div 9 = 2 \cdots 3 \Rightarrow 21 = 9 \times 2 + 3$$

$$9 \div 3 = 3 \Rightarrow 9 = 3 \times 3$$

最後に割り切れたときの割った数：最大公約数

以上の流れを数式で書くとこうなります。

どうして割り算の隣に掛け算の式も書いてあるのですか？

「30 ÷ 21 = 1…9」という小学校風の書き方は、式変形をしようとするときに不便だからです。

でも、同じ内容を掛け算で「30 = 21 × 1 + 9」と書いておけば、式変形が不自由になる心配はありません。

なるほど。
30と21の場合は、確かにこのようにすると「最後に割り切れたときの割った数が最大公約数」になるようですけど、どうしてなんでしょうか？ なんだか騙されているような気がしちゃいます…。

ハハハ。ユークリッドの互除法の意味をつかむには、こんな図を使って考えるといいかもしれません。

と言って、ホワイトボードを回転させるクリッド。東京のときと同じく、このホワイトボードも**裏表両面が使える**タイプのようだ。

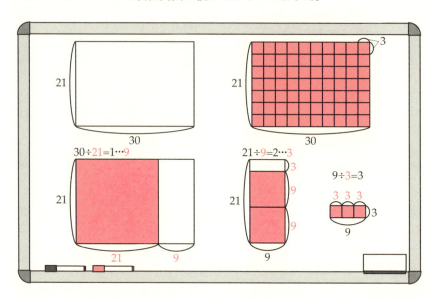

 30と21の公約数を求めるというのは、横が30、縦が21の**長方形を隙間なく敷き詰めることができる正方形の一辺の長さ**を求めることと同じです。

 どうしてですか…？

 30と21の公約数はどちらも割り切ることができるので、公約数を一辺に持つ正方形であれば、横方向も縦方向も隙間なく敷き詰められるからです。

 ああ、なるほど。

 私たちは今最大公約数を求めたいので、そのような正方形の中で最も大きな正方形の一辺の長さが知りたいわけです。
　最初の「30 ÷ 21 = 1…9」の計算は、横30・縦21の長方形から一辺

が21の正方形を一つ切り取ると、横方向に9だけ余ることを意味します。同じように、次の「21 ÷ 9 = 2…3」は残った横9・縦21の長方形から一辺が9の正方形を二つ切り取ると、縦方向に3余ることを表しています。

そうすると…残った横9・縦3の長方形は、一辺が3の正方形で綺麗に敷き詰めることができますね！

そのことを示しているのが、「9 ÷ 3 = 3」です。

そういうことですか！ ユークリッドの互除法で割り切れなかったとき、「割った数」は切り取った正方形の一辺の長さで、「余り」は余った長方形の短い方の辺の長さになるというわけですね。

その通りです。

ユークリッドもこういう図で証明しているのですか？

いえ。ユークリッドは命題1と同じように、線分の長さで数を表しています。繰り返されることは一般化できると考えるところや、背理法を使うところも命題1と同じです。
ただし、最後に割り切れた数が最大公約数であることは、「最後に割り切れた数は公約数である→それは最大である」という2段階に分けて示します…。

と言いながら、再びホワイトボードに書き込むクリッド。

右の図で、　$AB=AE+EB \Rightarrow AB=CD \times k+EB$ …①
　　　　　　$CD=CF+FD \Rightarrow CD=EB \times m+FD$ …②
　　　　　　$EB=FD \times n$ …③とする。(k、m、$n \geq 1$)
③を②に代入すると
$CD=FD \times n \times m+FD=FD \times (mn+1)$ …④
①に③と④を代入すると
$AB=FD \times (mn+1) \times k+FD \times n=FD \times (mnk+k+n)$ …⑤
④と⑤より FD は AB と CD の公約数。
ここで、FD より大きな G が AB と CD の公約数だとすると、
$AB=Gp$ …⑥、$CD=Gq$ …⑦(p、$q \geq 1$)
①に⑥と⑦を代入すると
$Gp=Gq \times k+EB \Rightarrow EB=G(p-kq)$ …⑧
②に⑦と⑧を代入すると
$Gq=G(p-kq) \times m+FD \Rightarrow FD=G\{(1+km)q-mp\}$ …⑨
⑨より FD は G の倍数であるが、これは FD より G が大きいことと矛盾。

これも長いので写真に撮ってくださいね。

ありがとうございます（パシャ♪）

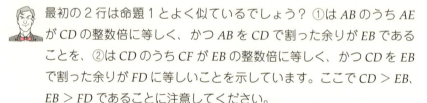最初の2行は命題1とよく似ているでしょう？ ①は AB のうち AE が CD の整数倍に等しく、かつ AB を CD で割った余りが EB であることを、②は CD のうち CF が EB の整数倍に等しく、かつ CD を EB で割った余りが FD に等しいことを示しています。ここで $CD > EB$、$EB > FD$ であることに注意してください。
続く③は、EB が FD で割り切れたことを示しています。

真ん中あたりに「④と⑤より FD は AB と CD の公約数」とありますが、ここまでが「最後に割り切れた数は公約数である」の証明ですか？

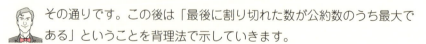その通りです。この後は「最後に割り切れた数が公約数のうち最大である」ということを背理法で示していきます。

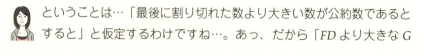ということは…「最後に割り切れた数より大きい数が公約数であるとすると」と仮定するわけですね…。あっ、だから「FD より大きな G

が AB と CD の公約数だとすると」と仮定しているのですね！

背理法をよく理解していますね。そういうことです。
⑥と⑦はこの仮定を数式で表したものです。この仮定から⑨で FD が G の整数倍であることが導かれるわけですが、これは「G が FD より大きい」ことと矛盾します。

あの…⑨の｛ ｝の中が0になったり、負になったりする可能性はないんでしょうか？

いい質問ですね。｛ ｝の中「$(1+km)q - mp$」が正の整数になることは、このようにすれば示せます。

今度は優子のノートに直接書き込むクリッド。

$CD > EB \times m$ に⑦、⑧を代入して

$Gq > G(p-kq)m$
$\Rightarrow q > (p-kq)m$
$\Rightarrow q > mp - kmq$
$\Rightarrow (1+km)q > mp$
$\Rightarrow (1+km)q - mp > 0$

どうして $CD > EB \times m$ なのですか？

②から、FD は0ではないので $CD > EB \times m$ です。

なるほど。

ユークリッドの互除法が、最大公約数を求める正しい手順であることを示す現代的な証明も紹介しますね。

お願いします。

割り算と最大公約数の定理

ユークリッドの互除法というのは、結局この「割り算と最大公約数の定理」が成り立つことを意味します。

再び優子のノートに書き込むクリッド。

割り算と最大公約数の定理

整数 a、b、q、r の間に

$$a = bq + r$$

という関係が成り立つとき、

$$a と b の最大公約数 = b と r の最大公約数$$

である。

「$a = bq + r$ という関係が成り立つとき」というのは、a を b で割った商が q で余りが r のとき、すなわち「$a \div b = q \cdots r$ のとき」という意味です。

それはさっき教えてもらったので分かるのですが、なぜこの定理がユークリッド互除法と繋がるのですか？

ユークリッドの互除法で 30 と 21 の最大公約数が求められるのは、

$$30 = 21 \times 1 + 9 \quad (30 \div 21 = 1 \cdots 9)$$

$$↓$$
$$21 = 9 \times 2 + 3 \quad (21 \div 9 = 2 \cdots 3)$$
$$↓$$
$$9 = 3 \times 3 \quad (9 \div 3 = 3)$$

と計算を進める中で、

30 と 21 の最大公約数
= 21 と 9 の最大公約数
= 9 と 3 の最大公約数

と考えているからです。
これは「割り算と最大公約数の定理」に他なりません。

ああ、なるほど。それで、現代的な証明はどのようにするのでしょうか？

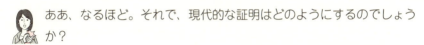手順としては、$a = bq + r$ のとき、ある数 p が a と b の公約数であることと、p が b と r の公約数であることは同値であることを示し、a と b の公約数の集合が b と r の公約数の集合と一致することを使って、最大公約数どうしも一致するという論法で進めます。

えっと…後半が全然ついていけませんでした…。
そもそも、集合って何でしたっけ？

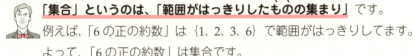**「集合」というのは、「範囲がはっきりしたものの集まり」** です。
例えば、「6 の正の約数」は {1, 2, 3, 6} で範囲がはっきりしてます。
よって、「6 の正の約数」は集合です。
また **集合を構成するものを「要素」と言う** ので、1 や 2 や 3 や 6 はそれぞれ「6 の正の約数」という集合の要素です。

「6 の正の倍数」は要素が無数にあるから、集合ではないのですか？

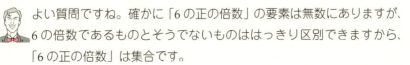よい質問ですね。確かに「6 の正の倍数」の要素は無数にありますが、6 の倍数であるものとそうでないものははっきり区別できますから、「6 の正の倍数」は集合です。

これに対し、例えば「大きな数」はいくつ以上が「大きな数」なのかがはっきりしないので集合ではありません。

 なるほど。

 いずれにしても、「割り算と最大公約数の定理」の証明は難しいので、よく見ていてください。まずは証明の前半、つまり $a = bq + r$ のとき、ある数 p が a と b の公約数であることと、p が b と r の公約数であることは同値であることを示します。

 同値とは、互いに必要十分条件になっているってことですよね？

 その通りです。よって、$a = bq + r$ のとき、

「p が a と b の公約数」⇒「p は b と r の公約数」

と

「p が b と r の公約数」⇒「p は a と b の公約数」

の両方が成立することを示す必要があります。

整数 a, b, q, r について、$a=bq+r$ …① が成り立つとき
ある整数 p について「p が a と b の公約数」⇔「p は b と r の公約数」が成立することを示す。

《⇒の証明》
p が a と b の公約数ならば、整数 k, m を用いて $a=kp, b=mp$ と書ける。
これらを①式に代入すると
$kp=mpq+r$ ⇔ $r=p(k-mq)$
よって、p は r の約数。p は b の約数でもあるから
「p が a と b の公約数」⇒「p は b と r の公約数」

《⇐の証明》
p が b と r の公約数ならば、整数 k', m' を用いて $b=k'p, r=m'p$ と書ける。
これらを①式に代入すると
$a=k'pq+m'p=p(k'q+m')$
よって、p は a の約数。p は b の約数でもあるから
「p が b と r の公約数」⇒「p は a と b の公約数」
も示せた。
以上より、「p が a と b の公約数」⇔「p は b と r の公約数」（前半終了）

（細かっ…）

字が小さくてごめんなさいね。これも書き取る必要はありませんよ。写真撮ってください。

ありがとうございます…（パシャ♪）。
でも、ここに書いてあること自体はそう難しくありませんよね？

そうかもしれません。ただ、この後に集合を用いて**「aとbの最大公約数＝bとrの最大公約数」**を証明しようとする発想は決して易しいとは言えません。集合は高校数学ではほんの触りを勉強するだけですが、現代数学において最も基本となる概念だと言っても過言ではないでしょう。すべての算数・数学は集合を使って説明することができますし、「大学数学において学ぶもの、それは『集合』である」と言い切る人もいるくらいです。

へえ、そうなんですか。

前半で示した「p が a と b の公約数」⇔「p が b と r の公約数」は、**a と b の公約数の集合の中から任意の数を取り出すとその数は必ず b と r の公約数になっており、反対に b と r の公約数の集合の中から任意の数を取り出しても、その数は必ず a と b の公約数になることを示しています**。すなわち、

「a と b の公約数の集合」＝「b と r の公約数の集合」

です。

ああ、なるほど。

このまま、「割り算と最大公約数の定理」の証明の後半に入ります。二つの集合が一致しているということは、

$$a と b の公約数の集合 \ \{p_1, p_2, p_3, \ldots\ldots p_n\}$$

$$\|$$

$$b と r の公約数の集合 \ \{p_1, p_2, p_3, \ldots\ldots p_n\}$$

になるということだから、その中で最も大きいものも当然一致します。

 言われてみれば…。

 以上より、$a = bq + r$ ならば
「$a と b の最大公約数$」＝「$b と r の最大公約数$」です。

 Q.E.D.…ですね。すごい！

 はい。分かってもらえて嬉しいです。結局、命題 1 は命題 2 で示されるユークリッドの互除法を行うと余りが 1 になるまで続くケースです。余りが 1 になるということは、最大公約数が 1 であることを意味するので、二つの数は互いに素と言えるわけです。

 分かりました！

1次不定方程式の解の存在証明

 では、集合を使う難しい問題にチャレンジしてみましょう。

 はい…（きたわ！）。

 問題はこの定理を証明することです。

優子のノートに書き込むクリッド。

【定理】 a と b が互いに素である正の整数であるとき
$$ax+by=1$$
を満たす整数 x、y が存在する。

 これも、『原論』に載っている問題なのですか？

 いえ。『原論』には載っていませんが、数論の問題として有名なものです。難問ではありますが、多様な発想を学んでもらうためにあえて紹介したいと思います。

 はい…（分かるかしら…）。

 一般に、
$$ax + by + c = 0 \quad (a, b, c, x, y は整数)$$
の形で表される方程式を**ディオファントスの不定方程式**と言います。上の問題は $c = +1$ のケースですね。

 ディオファントスというのは…？

 紀元後3世紀頃に活躍した数学者の名前です。いわゆる方程式のことを最初に色々と研究した人として有名です。さっき話したフェルマーが「フェルマーの定理」を余白に書き込んだ本というのは、ディオファントスの『算術』という本でした。

 へぇ〜。それで、「不定」というのはどういうことですか？

未知数は x と y で二つあるのに、式は一つしかないので解が一通りには定まりません。グラフで考えれば「$ax + by + c = 0$」が表す直線上の点は、すべてこの方程式の解なので解は無数にあります。だから、「不定方程式」なのです。

解が無数にあるのなら、解を考えても意味ないんじゃありませんか？

いえいえ。解が無数にあることと、整数解が存在するかどうかは別の問題です。もし、「$ax + by + c = 0$」が表す直線が x 座標も y 座標も整数であるような点（格子点と言います）をうまくすり抜けてしまうことがあるのなら、解は無数にあるけれども、整数解は存在しないことになります。

なるほど。

この定理の証明は難しいので、準備として「補題」を用意しましょう。

補題って何でしょうか？

英語では"helping theorem"と言いますが、ある大きな定理のためのスモールステップとして用意された定理のことで、言わばヒントみたいなものです。

と言いながらクリッドは、さっきの定理の下にこんな「補題」を書き込んだ。

【補題】a と b が互いに素である正の整数であり、m、n は $0 < n < m < b$ を満たす整数であるとき、am を b で割った余りを $r(m)$ で表すことにすると、

$$m \neq n \Rightarrow r(m) \neq r(n)$$

である。

 この補題のどこがヒントになっているのか、まったく分からないんですけど…。

 まあまあ。さっき書いた1次不定方程式の解の存在を保証する「定理」も、この「補題」も自分の手で解くことより、こんな発想があるんだということを知ってもらうことが目的ですから、まずはよく見ていてください。最初に補題を証明しましょう。

【補題の証明】

am を b で割ったときの商を q_m と表すことにする。題意より
$am = bq_m + r(m)$ …①
$an = bq_n + r(n)$ …② ($n < m$ より $q_n \leq q_m$)
①-②より
$a(m-n) = b(q_m - q_n) + r(m) - r(n)$
ここで、
$r(m) - r(n) = 0$ とすると、
$a(m-n) = b(q_m - q_n)$ …③
a と b は互いに素である正の整数であることと、$q_m - q_n \geq 0$ から
③は $(m-n)$ が 0 か、b の正の倍数であることを意味する。
一方、$0 < n < m < b$ より $0 < m-n < b$。
これは「$(m-n)$ が 0 か、b の正の倍数であること」と矛盾。
よって $r(m) - r(n) \neq 0$ すなわち $r(m) \neq r(n)$

Q.E.D.

 もしかして、これも背理法ですか?

そうです。

 「題意より」というのは「am を b で割った余りを $r(m)$」で表すから、商を q_m と表すのであれば、

$$am \div b = q_m + r(m) \Rightarrow am = bq_m + r(m)$$

$$an \div b = q_n + r(n) \Rightarrow an = bq_n + r(n)$$

ということですか？

 その通りです。あとは大丈夫ですか？

 いえ…（全然大丈夫じゃないわ）。
まず「（$n < m$ より $q_m \leqq q_n$）」の部分ですが、どうして $q_n \leqq q_m$ になるんですか？ $n < m$ なら、$q_n < q_m$ じゃないんですか？

 例えば、

$$3 \times 4 \div 10 = 1 \cdots 2 \Rightarrow 3 \times 4 = 10 \times 1 + 2$$

$$3 \times 5 \div 10 = 1 \cdots 5 \Rightarrow 3 \times 5 = 10 \times 1 + 5$$

のように、$n < m$ なのに $q_n = q_m$ であるケースもあるからです。

 （$a = 3$、$b = 10$、$n = 4$、$m = 5$、$q_n = q_m = 1$ の場合か…）あ、なるほど。そこは分かりました。
でも、どうして「③は $(m - n)$ が 0 か、b の正の倍数であることを意味する」となるのですか？

 $q_n \leqq q_m$ すなわち $q_m - q_n \geqq 0$ であることから、③の右辺が 0 か b の正の倍数になることは分かりますか？

 はい（かろうじて…）。

一方、③の左辺の $a(m-n)$ は a と $(m-n)$ の積ですが、a は b と互いに素である正の整数なので、a が 0 や b の倍数になることはありません。つまり③が成立するためには、$(m-n)$ が 0 か、b の正の倍数になるしかないのです。

ああ、そういうことですか。でも、だとしてもなぜ、

「$0 < m-n < b$」と「$(m-n)$ が 0 か、b の正の倍数であること」

が矛盾するのですか？

だって、例えば 5 より小さい正の数が、0 になったり、5 の正の倍数になるのはおかしいでしょう？

ああ、そうですね。

では、この補題を使って最初の定理を証明していきます。

$0 < m < b$ を満たす整数 m の集合を A とすると
$$A = \{1, 2, 3, \ldots\ldots, b-1\}$$
であり、A は 1 から $b-1$ までの $b-1$ 個の要素を持つ。
一方、am を b で割った余りを $r(m)$ とするとき、am は b の倍数ではないので、
$0 < r(m) < b$
ここで $r(m)$ の集合を B とすると
$$B = \{r(1), r(2), r(3), \ldots\ldots, r(b-1)\}$$
であるが補題より、B の要素はすべて異なるので、
結局集合 A と集合 B は一致する。
すなわち B の中に「1」に等しいものが必ず一つある。
それを $r(x)$ とすれば、
$$ax = bq_x + r(x) = bq_x + 1$$
$$\Rightarrow \quad ax + b(-q_x) = 1$$
よって、$-q_x = y$ とすれば、x、y は $ax + by = 1$ を満たす整数解である。

Q.E.D.

えっと…どうして「補題より、B の要素はすべて異なるので、結局集合 A と集合 B は一致する」って言えるんですか？

先ほど証明した補題は、$r(1), r(2), r(3), \ldots, r(b-1)$ の値がすべて異なることを意味するのは分かりますか？

はい。補題の結論は、
$$m \neq n \Rightarrow r(m) \neq r(n)$$
でしたから、そこは大丈夫です。

だとすると、集合 B は $b-1$ 個の互いに異なる数の集まりですね？

はい。

また、B は $r(m)$ の集合ですが、$r(m)$ は $0 < r(m) < b$ を満たす整数ですから、結局 B の要素は $1, 2, 3 \ldots b-1$ のいずれかの数です。

どうして $0 < r(m) < b$ を満たすと分かるのでしたっけ…？

まず $r(m)$ は am を b で割った余りですから、b より小さい数です。また、a と b は互いに素であることから余りが 0 になることもありません。

m が b の倍数のときは am を b で割った余りが 0 になるのでは…？

最初に、整数 m は $0 < m < b$ を満たす、と断ってあるのでその心配はありません。

ああ、確かにそうですね。

B の要素は 1, 2, 3 …… $b-1$ のいずれかの数ですから、B を数の小さい順に並べれば、

$$B = \{1, 2, 3, \ldots, b-1\}$$

となります。一方、$0 < m < b$ を満たす整数 m の集合である A も、

$$A = \{1, 2, 3, \ldots, b-1\}$$

です。

あ、同じ集合になりますね。

そうなんです。そして、ここからが大切です。例えば…30人のクラスがあったら、その中に出席番号が18の人は必ず1人いますよね。

はい。それは必ずいるはずですね。

どうして出席番号18の人が必ず1人いるって分かるのでしょうか？

だって…出席番号って名前の「あいうえお順」とか「ABC順」に1から順につけていくものだから…あっ、出席番号にはダブリや抜けがないからですね！

その通り。1〜30の番号と30人の生徒が1対1に対応しているから、どの番号の生徒も必ず1人いることが分かります。
　上の証明で「B の中に『1』に等しいものが必ず一つある」ことが分かるのも、これとまったく同じロジックです。念のため、図に描いてみましょうか。

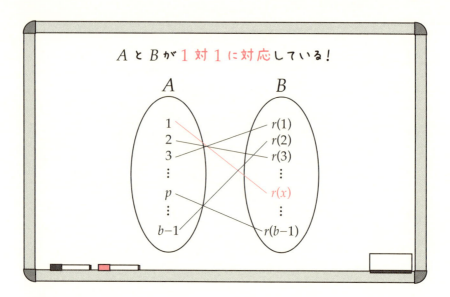

 だんだん分かってきました…。それで、その B の中の 1 に等しいものを $r(x)$ と名づけるわけですね。

 はい。「題意より」、$r(x)$ は ax を b で割った余りですから、このときの商を q_x とすれば、

$$ax \div b = q_x \cdots r(x) \Rightarrow ax = bq_x + r(x) \Rightarrow ax = bq_x + 1$$

と書けます。このとき、x は $0 < x < b$ を満たす整数、q_x も何かしらの整数ですね。

 はい。

 そこで最後に $ax = bq_x + 1$ を変形して、$-q_x$ をあらためて y とおけば、

$$ax = bq_x + 1 \Rightarrow ax + b(-q_x) = 1 \Rightarrow ax + by = 1$$

を得ますね。

 x は整数で（q_x が整数なので）$-q_x$ も整数だから、y も整数…つまり…$ax + by = 1$ の x と y はともに整数…か。やっと分かりました！

以上で、「a と b が互いに素である正の整数であるとき、$ax + by = 1$ を満たす整数 x、y が存在する」を証明できました！

数学的帰納法

先ほど予告したように、自然数（正の整数）に関する命題を証明するための強力な論法である**数学的帰納法**を紹介しましょう。このような手順で行います。

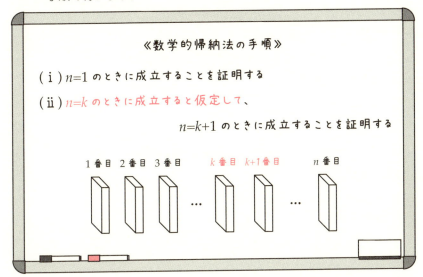

下に書いてあるのは何ですか？

ドミノです。数学的帰納法を理解するには、ドミノ倒しが成功する条件を連想するのがいいのです。例えば、100個のドミノを並べてそれらがすべて倒れるための条件は何でしょうか？

え？ それは…間隔が空き過ぎないことじゃないですか？

そうですね。すべてのドミノについて、前のドミノが倒れたら倒れることを確認する必要がありますね。でも、それだけでしょうか？

それだけだと思いますけど…。

もしかしたら誰かに先頭のドミノがイタズラされて、底が接着剤で床にくっつけられているかもしれませんよ？

（そんな人いないでしょう）…そしたら、2番目以降が綺麗に並んでいても失敗しますよね。

先頭のドミノは前から倒れてくるドミノがないので、ちゃんと倒れることを確認する必要があるのです。つまり、100個のドミノ倒しを成功させるためには、

1番目のドミノが倒れる
1番目のドミノが倒れたら、2番目のドミノも倒れる
2番目のドミノが倒れたら、3番目のドミノも倒れる
3番目のドミノが倒れたら、4番目がドミノも倒れる
⋮
99番目のドミノが倒れたら、100番目のドミノも倒れる

のすべてを確認する必要があります。

（当たり前ね…）

ドミノはどんなに多くても数に限りがありますから、すべてを確認することができますし、またそうする必要があります。しかし、自然数は無限に続くので、すべてを具体的に確認することはできません。

では、どうするのですか？

こういうときこそ、文字を使って一般化します。数学的帰納法の手順の（ⅱ）に「$n=k$ のときに成立すると仮定して、$n=k+1$ のときに成立することを証明する」とありますね？このように文字 k を使って一般化して書いておけば、k にはいかなる数字も代入することができるので、無数にあるすべての自然数について調べたのと同じことになります。

この手順（ⅱ）で「$n=k$ のときに成立すると仮定」してしまうことに違和感があるのですが…証明すべき結論を先に仮定してしまったら証明にならないのではないでしょうか？

その感覚は至極まっとうですが、この k にはすべての自然数を順々に代入するのだと考えてください。（ⅰ）と合わせれば、数学的帰納法というのは結局（先ほどのドミノの場合と同じように）、

$n=1$ のとき OK
$n=1$ が OK なら、$n=2$ のときも OK
$n=2$ が OK なら、$n=3$ のときも OK
$n=3$ が OK なら、$n=4$ のときも OK
⋮

のすべてを確認しているに過ぎません。
先ほど書いた数学的帰納法の手順（ⅰ）は 1 行目に相当し、手順（ⅱ）の「$n=k$ が OK なら、$n=k+1$ のときも OK」は 2 行目以降の延々と続く確認作業を一般化して書いただけです。

そう言われると、確かに証明になっていますね。

簡単な例題で数学的帰納法を使ってみましょう。
そうですね…例の「n 個の奇数の和は n^2」を証明してみましょうか。

$1+3+5+\cdots+(2n-1)=n^2 \cdots ★$ を証明する

（ⅰ）$n=1$ のとき
　　左辺 $=1$、右辺 $=1^2$　∴左辺 $=$ 右辺
（ⅱ）$n=k$ のとき
　　　　$1+3+5+\cdots+(2k-1)=k^2 \cdots ①$
が成立すると仮定すると、$n=k+1$ のとき
左辺 $=1+3+5+\cdots+(2k-1)+(2k+1)$　　①より
　　$=k^2+(2k+1)=k^2+2k+1$
右辺 $=(k+1)^2=k^2+2k+1$　∴左辺 $=$ 右辺
よって、$n=k+1$ のときも★成立。
（ⅰ）、（ⅱ）よりすべての自然数 n について★が成立する。
　　　　　　　　　　　　　　　　　　　Q.E.D.

　数学的帰納法の肝は、なんと言っても**$n=k$のときの仮定をいかに$n=k+1$のときの証明に活かすか**です。そして証明すべき式（★の式）の左辺と右辺のnに$k+1$を代入した式が成立することを示さなくてはいけません。
今日はこれくらいにしておきましょうか。
長旅の後で疲れたでしょう？

　いえ、大丈夫です！！

　コンクールは今週末からですね。まだ３日ありますが、それまでどうするつもりなのですか？

　早めに現地に入って、日本から持ってきた楽譜をじっくり勉強したいと思っています。

　それがいいですね。今日のレッスンは『原論』の内容を学ぶというより、数論に関する色々な発想法に触れてもらうのが目的でした。新しさや独自性といったものは、既存の発想や知識を学んだ上でないと本人だけが「新しい」と思うばかりの独りよがりなものになってしまう

からです。
コンクールでも気負うことなく、謙虚な気持ちで、でも思いっきりやってきてください！ 幸運を心から祈っています！

ありがとうございます！！！

優子、コンクールに挑む

　世界各地で行われた予備審査を通過したのは19名だった。1次予選の課題曲はハイドンの交響曲第94番。『驚愕』のタイトルで知られる曲で、日本でも人気が高い。優子はアマオケとの本番で振った経験がある。その点はラッキーだった。優子のように若い指揮者はつい「自分の音楽」を押しつけてしまうものだが、クリッドのレッスンを通じて、そんなことよりまずは他人の発想を知ること、色々なものの見方を学ぶことなくして、本当の独自性は生まれないことを思い知っていた。優子はまずオーケストラの音をよく聴くことにした。約60名のオーケストラのメンバー1人ひとりが演奏しようとしているスタイル、音楽の方向性をつかむことに全神経を集中したのだ。1次予選では1人につき20分が与えられ、その中で稽古をつけることも要求されるので、ただ聴いているわけにはいかない。でも、音程やリズムのズレは指摘したものの、こと表現に関しては「自分」を極力抑えた。自分よりはるかに経験豊富な、プロの音楽集団であるオーケストラの音楽に身を任せたのだ。主体性がない、リーダーシップに欠けると思われてしまう危険もあったが、ろくに音も聴かずに腕を振り回す参加者が多い中、優子の「聴く」姿勢はオーケストラに気に入られ、他の参加者より「いい音」を引き出すことができた。おかげで、優子は1次予選通過の12名に選ばれた。
　2次予選の課題曲はモーツァルトのオペラ『魔笛』からの抜粋。まだ駆け出しの指揮者はオペラの経験に乏しいものだが、優子はアマチュアとはいえオペラ団体を主宰していることもあり、おそらく12名の参加者の中では最もオペラに精通していた。歌手と息を合わせること、歌手が歌いづらいところ、逆に気持ちよく歌いたいところなどをよく知っている。加えて、やは

りここでも「聴く」ことに徹することにした。2次予選ではオーケストラがわざと間違えて演奏することになっており、それらをきちんと指摘できるかどうかも審査の対象になる。だから注意深く聴く必要があるのは当たり前なのだが、優子は自分が聴くだけでなく、オーケストラのメンバーにも歌手の歌を聴かせるように仕向けた。これが功を奏した。オーケストラというのは指揮者にリーダーシップを求める一方で、「聴く」能力を持ち、そしてその大切さを知っている指揮者を大切にする。最初は全部で8箇所ある間違いのうち二つが分からなかったのだが、2度目の通しのときはオーケストラの方がわざと目立つように演奏してくれたので残りの二つも指摘することができた。こういうことは日本のコンクールではあり得ない。そこは民族性の違いだろうか。オーケストラも、自分たちがいいと思う指揮者には残ってほしいのかもしれない。結果、12名の参加者の中すべての間違いを指摘できたのは優子ともう1人の参加者だけだった。当然、優子は2次予選通過の6人にも選ばれた。

　続く3次予選の課題曲は新曲。開始15分前に、はじめて楽譜を渡される。しかも、現代曲なので拍子は2拍子、3拍子、4拍子が入り混じった複雑な変拍子であり、その上不協和音も多い。この審査の最大のポイントは、指揮の技術と読譜力である。勉強する時間をほとんど与えられなくても、複雑な現代曲をきちんと振り切る能力はなかなか持てるものではない。ただ、日本人指揮者は総じて指揮の技術が高い。小澤征爾氏の師匠である斎藤秀雄氏が考案した「斎藤指揮法」は、今や世界中の音楽大学で"Saitoh Method"として教えられている指揮法のスタンダードになっているほどだ。優子もこれをほぼ完璧にマスターしていた。また、短い時間ながらもカデンツと思われるところは事前にチェックしていたので、曲のメリハリをつけることもできて、オケも自分も迷子にならずにすんだ。結局6人中3人は振り間違えて、オーケストラが途中で止まってしまいここで敗退。優子を含む、残り3人がそのまま本選に進んだ。

　本選の課題曲は、ベルリオーズの幻想交響曲。この曲は恋に敗れて麻薬に溺れた1人の芸術家が、幻覚の中で処刑され、魔女の宴のうちに終焉を迎えるまでを描いている。極彩色のパレットを必要とする非常に起伏に富んだ曲だけに、指揮者の力量はもちろん、オーケストラとの相性の良し悪しも如実

に表れる曲だ。しかし、そんな難曲を前にしても優子のスタイルは一貫していた。"聴こう"。演奏してくれる皆さんの「発想」を知らなくては…そう思って振り始めたとたん、これまで感じたことのない感覚に襲われた。自分の棒のほんのわずかな動きにオーケストラが敏感に反応してくれるのが分かる。過去３回の顔合わせを通して、オーケストラは優子が自分の考えを押しつけるタイプの指揮者ではないことも、また指揮の技術が高く、耳がいいことも分かっていた。要は優子を信頼に足る指揮者であると認めてくれたのだ。優子は感激で胸が熱くなった。指揮者になりたいと思ったのは、まさにこの感覚を味わいたかったからに他ならない。80名を超える音楽家が自分という道標を信じて音を集めてくれる、こんなに幸せなことがあるだろうか。

　優子は指揮台の上でオーケストラがまるで一つの楽器になったかのような

第5章　「論理力」を深める〜新しい視点〜

感覚を何度も味わった。その幸福な時間の中で、オーケストラのめざす方向と自分のめざす方向が完全に一致したと感じる瞬間があった。曲のクライマックスを飾るカデンツに向かって、オーケストラのテンポが加速していく…。こんなとき、指揮者はふつうアンサンブルが壊れるのを未然に防ぐため、手綱を引き締めなくてはいけない。しかし、優子は逆に鞭を入れた。結果凄まじいアッチェレランド（加速）となり、爆発的なエネルギーが生まれた。アンサンブルは多少乱れたが、そんなことはものともせず、ホール全体が震えるほどの全管弦楽の咆哮が圧倒的なクライマックスを築き、審査員・聴衆のみならず、オーケストラをも感動の渦に巻き込んだ。万雷の拍手が鳴り止まない。優子はとめどなく流れる涙を止めることができなかった…。

　３人のファイナリストの演奏が終わると、舞台上は表彰式の準備に入った。この後すぐに優勝者が発表される。優子は放心状態だった。ついさっき指揮台の上で経験した、「奇跡の瞬間」の余韻にただただ浸っていたかった。

　優子は優勝した。grand prize だけでなく、オーケストラ賞と聴衆賞も受賞し、まさに完全優勝だった。このコンクールで日本人が優勝するのは５人目。日本人女性が優勝するのは初の快挙である。

　それからのことを優子はあまり覚えていない。現地テレビや雑誌の取材、日本の音楽雑誌の取材、副賞として用意されている欧州での演奏会の契約等など…まわりの大人たちに促されるままに、実に慌ただしい数日間を過ごした。

　帰国の飛行機の中、優子はあらためてコンクールに優勝できた喜びを噛み締めていた。と同時に、「なぜ優勝することができたのだろうか？」と冷静に分析しようとする自分もいた。もちろん、運も大きかったのは間違いない。コンクールというのは、実力のある者が必ず優勝するとは限らないからだ。でも、勝因があるとしたら、やっぱりクリッドとのレッスン以外には考えられない。ウィーンで本当の独自性はたくさんの知識の上にこそ成り立つのだということを知ったからこそ、謙虚に「聴く」ことができた。独りよがりに「自分らしさ」を押しつけることをせずにすんだ。そして、とことん聴いたからこそ、あの本選での奇跡の瞬間を捉えることもできたのだと思う。

　以前、ウィーン国立歌劇場とベルリン・フィルで音楽監督を務めたクラウディオ・アバドという名指揮者がインタビューでこんなことを言っていた。

「私にとって最も重要なことは聴くことです。お互いを聴き合うこと、人々の話を聴くこと、そして音楽を聴くこと…これ以上に大切なことはありません」

正直、これを最初に読んだときは、当たり前のことを言っているなあ〜としか思わなかったが、今はその真意が分かるような気がする。

「聴く」というのは、すなわち「学ぶ」ことだ。幸運にも今回プロの指揮者の入り口に立つことはできたが、音楽家として自分の独自性を発揮するためには、もっともっとたくさん勉強しなくてはいけない。楽曲そのものの勉強は言うにおよばず、音楽史と演奏史の探求やそれぞれの時代・国の文化全般についても多くのことを学ぶ必要があるだろう。当然、外国語だってもっと学ばなければ。そうしたたくさんの知識を繋ぎ合わせることで、いつかきっと自分なりの音楽が自然と演奏できるようになるはずだ。

クリッドは最初に会ったとき、「あなたにはまず全人教育が必要です」と言った。その後、『原論』を通して論理的であることの大切さを知り、そうあるためにはどのように考えるべきかも教わったが、きっと「全人教育」というのは基礎的な論理的思考力を身につけることだけではないのだと思う。多くの知識や発想を学び、論理的思考力でそれらを繋ぎ合わせることができて、はじめて本当の意味での新しい発想や独自性が手に入るのだから。私の「全人教育」はまだまだ続く…。

あとがき

　まずは、最後まで読んでいただいたことに、心からの敬意と感謝を表したいと思います。ありがとうございました。

　実務教育出版の佐藤金平さんから「世界標準のビジネスパーソンに必須の総合的な数学的教養＝論理力を身につけてもらうために、『原論』の解説をベースにした本を書いてみませんか」とご依頼をいただいたときは、なんて面白い企画なんだと思いました。本文にもあります通り、『原論』は欧米では2000年以上の長きにわたって現役の数学の教科書であり続けました。現代でも世界のエリートは必ず目を通していると言っても過言ではありません。これに対して、日本では、『原論』を読んだことがあるという人はごく稀です。

　21世紀になってから、我が国でもロジカルシンキングの重要性が注目されるようにはなってきましたが、欧米に比べるとまだまだ浸透しているとは言えないでしょう。これは日本人が『原論』を読んでこなかったことと無関係ではないだろうと私は考えています。「だったら、今からでも読めばいいじゃないか」と思われるかもしれませんが、なにぶん『原論』の表現は独特で難解です。『原論』を読むという伝統を持たない日本人にとっては、『原論』そのものを紐解くことはかなりハードルが高く感じられると思います。だからこそ私は、本書のような本が必要だと考える佐藤さんのアイディアに心から賛同しました。

　最初に私は、本書を先生役と生徒役の対話形式で書くことを提案しました。難解な内容を、読者目線の「優子」が「クリッド」に質問や疑問を投げかけることで解きほぐすことができるだろうと考えたことも理由の一つですが、なにより『原論』は議論のための数学としての側面が色濃いことが最大の理由でした。『原論』が書かれた当時の数学は、相手を納得させること・論破することが目的でしたから、『原論』の記述にはいつも仮想の相手の存在が感じられます。参考文献にもあげた『ユークリッド「原論」

とは何か』の中で、斎藤憲先生は「『原論』はモノローグではなく対話（ダイアローグ）なのです」と書かれていますが、まさにその通りだと思います。だからこそ、本書では対話形式を取ることで「議論のための数学」としての雰囲気をお伝えしたいと考えました。

　また、全体に優子がプロの指揮者をめざしコンクールに挑戦するというサブストーリーを設けました。これは、ひたすら命題の証明に終始する『原論』に読者を飽きさせないためです。クリッドと優子の会話の中に、「余談」をあえてふんだんに盛り込んだのも同じ理由です。

　読者の中には、優子が『原論』を学ぶだけで、トントン拍子で指揮者の道を駆け上がっていくことに疑問を持たれる方もいるでしょう。何を隠そう私自身もかつては優勝をめざして、何度も指揮者コンクールに挑戦し、そして敗れたクチですから、事がそう簡単ではないことは痛いほど思い知っています。

　指揮者に限らず何事も、論理力さえあればいいというわけではありません。そんなに甘くはないはずです。でも、論理力が欠けているばっかりに、大きな成功をつかめない人もたくさんいるのではないでしょうか。優子にはもともと音楽への類稀な情熱と生来の耳のよさ、豊かな感性、そして物事を成し遂げる根性が備わっていました。そういう意味では、もともと才能に恵まれた女の子だったのです。ただ、当初の優子は「全人教育」が必要なほど、指揮者としての素養に欠けていました。その彼女が「論理力」という武器を手にすることで、奇跡を起こすことができたのです。

　本書のサブストーリーを通して、奇跡を起こすために（奇跡とまでは言わなくても確かな成功をおさめるために）、論理力が大きな武器になることを感じてもらいたいと願っています。

　もしあなたがこれまで相応の努力をしてきたのに、才能だって決してないわけじゃないのに、思い通りの成果を得てこなかったとしたら、もしかしたらあなたも当初の優子のように論理力を欠いてしまっているのかもしれません。でも、『原論』のエッセンスをつかんでもらった（と期待します）今なら、あなたはきっと鬼に金棒状態になっているはずです。今度はあなたの場所で、あなたが奇跡を起こしてください。2000年以上読み継がれ

てきた『原論』には、それだけの力があります。

　そして、次ページに挙げた参考文献や『原論』の本体もぜひ読んでみていただきたいと思います。そこには流行り廃りとは無縁の、論理的思考力のための金言が溢れています。本書がそんな論理的思考力への飽くなき探究の契機になれば、筆者としてこれ以上の喜びはありません。

　最後になりましたが、今回貴重な機会と原稿への的確なアドヴァイスをくださった編集者の佐藤金平さん、装丁のkrranさん、装丁イラストの高橋由季さん、本文デザインのISSHIKIさん、本文イラストのひらのんささん、校正の長谷川愛美さんなど、本書の成立にご尽力いただいたすべての方に心からの感謝を申し上げます。

　またどこかでお会いしましょう。

2017 年春
永野裕之

【参考文献】
- ユークリッド原論　追補版
  （翻訳：中村幸四郎、寺阪英孝、伊東俊太郎、池田美恵、共立出版）
- ユークリッド『原論』とは何か
  （斎藤憲、岩波書店）
- ユークリッド原論を読み解く
  （吉田信夫、技術評論社）
- ユークリッド幾何学を考える
  （溝上武實、ベレ出版）
- 非ユークリッド幾何の世界 新装版
  （寺阪英孝、講談社）

以下の命題の解説については、『ユークリッド原論 追補版』(中村幸四郎・寺阪英孝・伊東俊太郎・池田美恵訳、共立出版、2011年)の該当頁を参考にしております。

第3章
Ⅸ巻命題20　素数が無数に存在することの証明（111頁）：218頁
Ⅰ巻命題32（115頁）：23-24頁
　命題9（118頁）：8-9頁
　命題10（118頁）：9頁
　命題11（118頁）：10頁
　命題13（124頁）：10-11頁
　命題15（124頁）：12頁
　命題16（124頁）：12-13頁
　命題22（136頁）：16-17頁
　命題23（136頁）：17頁
　命題27（129頁）：20-21頁
　命題28（129頁）：21頁
　命題29（129頁）：21-22頁
　命題31（138頁）：23頁

第4章
Ⅲ巻命題20（169-170頁）：64-65頁
　命題21（171頁）：65頁
　命題22（171頁）：65-66頁
　命題31（173頁）：71-72頁
　命題32（176頁）：72-73頁

第5章
Ⅶ巻命題1（212頁）：150-151頁
　命題2（220頁）：151-152頁

永野裕之（ながの・ひろゆき）
1974年東京生まれ。暁星高等学校を経て東京大学理学部地球惑星物理学科卒。同大学院宇宙科学研究所（現JAXA）中退。高校時代には数学オリンピックに出場したほか、広中平祐氏主催の「数理の翼セミナー」に東京都代表として参加。レストラン（オーベルジュ）経営、ウィーン国立音大（指揮科）への留学を経て、現在は個別指導塾・永野数学塾（大人の数学塾）の塾長を務める。主な著書に『大人のための数学勉強法』『統計学のための数学教室』（以上ダイヤモンド社）、『ビジネス×数学＝最強』（すばる舎）など。

オーケストラの指揮者をめざす女子高生に「論理力」がもたらした奇跡

2017年5月25日 初版第1刷発行

著 者　永野裕之
発行者　小山隆之
発行所　株式会社 実務教育出版
　　　　〒163-8671　東京都新宿区新宿1-1-12
　　　　電話　03-3355-1812（編集）　03-3355-1951（販売）
　　　　振替　00160-0-78270

印刷／文化カラー印刷
製本／東京美術紙工

©Hiroyuki Nagano 2017　Printed in Japan
ISBN978-4-7889-1321-9 C0030
本書の無断転載・無断複製（コピー）を禁じます。
乱丁・落丁本は本社にておとりかえいたします。